建筑结构强震观测记录分析与应用

公茂盛　周宝峰　左占宣　著

地震出版社

图书在版编目（CIP）数据

建筑结构强震观测记录分析与应用／公茂盛，周宝峰，左占宣著.
—北京：地震出版社，2021.11
ISBN 978-7-5028-5381-5

Ⅰ.①建…　Ⅱ.①公…　②周…　③左…　Ⅲ.①强震—地震观测—记录—应用—建筑结构
—地震反应分析　Ⅳ.①TU311.3

中国版本图书馆 CIP 数据核字（2021）第 230868 号

地震版　　XM3929/TU（6173）

建筑结构强震观测记录分析与应用

公茂盛　周宝峰　左占宣　著

责任编辑：王　伟
责任校对：凌　樱

出版发行：地震出版社
　　　　　北京市海淀区民族大学南路 9 号　　　　　邮编：100081
　　　　　销售中心：68423031　68467991　　　　传真：68467991
　　　　　总编办：68462709　68423029
　　　　　编辑二部（原专业部）：68721991
　　　　　http://seismologicalpress.com
　　　　　E-mail：68721991@sina.com

经销：全国各地新华书店
印刷：河北文盛印刷有限公司

版（印）次：2021 年 11 月第一版　2021 年 11 月第一次印刷
开本：787×1092　1/16
字数：314 千字
印张：12.25
书号：ISBN 978-7-5028-5381-5
定价：100.00 元

序

    现代强震观测自 20 世纪 30 年代开始发展以来，至今已有近百年历史，期间人们获取了大量强震动记录，这些强震动记录为工程结构抗震技术发展起到了关键性推动作用，尤其是地震动反应谱理论的提出与发展，直接促进了结构抗震设计由静力方法走向动力方法，应该说强震观测是地震工程学的重要基础。

    强震观测工作中，除了对自由场地地震动观测外，还有一类观测对象是工程结构，主要目的是通过在不同类型工程结构上布设强震仪器观测台阵，获取其在地震中的真实地震反应，这种观测通常被称为结构强震观测或结构地震反应观测。结构强震观测是人们了解工程结构在强烈地震作用下反应性态及破坏过程、检验现有抗震设计理论与设计方法的主要手段之一，通过对实际测量到的结构在真实地震中的反应记录及观察到的结构地震性态进行对比分析，可以有针对性地改善抗震设计技术，完善抗震设计方法，从而促进工程结构抗震设计理论乃至地震工程学科的不断发展。为此，我国建筑抗震设计规范也明确规定，要对符合某些特定条件的结构安装强震观测系统。

    进入本世纪以来，随着结构健康诊断技术的发展，大量强震观测仪器或观测台阵被用于桥梁、高坝、以及高层建筑物等基础设施的健康诊断中。通过与多种传感器获取的信息融合，以及利用现代数字分析等技术的发展与进步，基于强震观测系统对重大工程结构进行实时监测与评估也成为可能，为结构健康监测与诊断提供了一种新的方式，从而也大大地扩大了强震观测台网的应用范围，也悄然成为许多拥有强震台网国家的一个新的防震减灾发展热点。

    本书作者长期从事结构强震观测、强震记录处理与分析、结构抗震分析和参数识别与损伤评估等相关研究工作，书中内容多为科研成果之积累，希望该书能够为从事结构健康诊断与工程强震观测研究与工作的相关人员提供参考。

中国工程院院士

2020 年 5 月 6 日

前　言

人们通过在工程结构上安装强震仪等观测仪器，记录结构在地震中的真实地震反应，被称为工程结构地震反应观测，也称为结构强震动观测或结构强震观测。工程结构强震观测对于人们了解结构地震反应性态、评判结构震后安全、理解结构地震损伤机理以及改善结构抗震设计等具有十分重要的意义。工程结构强震观测包含内容有很多，包括被观测工程结构的选择、观测仪器选型与测点优化布设、结构地震反应记录的处理与分析等等。因为结构强震观测记录是结构在地震中的真实地震反应，包含了丰富的结构地震性态、结构地震损伤等信息，所以人们得到结构地震反应记录后，便可以分析和研究这些记录，从而更好地理解结构地震损伤机理，从而对结构抗震设计进行改进，或利用这些反应记录，对结构地震破坏水平进行评估，实现震后结构安全状态鉴定。所以一定程度上讲，结构强震观测是结构抗震设计方法与技术发展的重要基础，也是促进地震工程和防震减灾发展的重要途径。

本书首先介绍了强震动观测及结构强震观测技术的发展历史，并结合世界多地震国家建筑结构强震观测现状，对结构强震观测台阵布设原则、布设方法及典型的结构强震观测台阵进行了论述。然后对目前常用的结构强震观测记录数据处理技术与方法进行了阐释，对每一种方法均给出了应用实例，并通过一个高层结构和一个隔震结构强震观测记录处理，完整介绍了结构强震观测记录数据的处理流程及结构地震反应特征与结构参数分析过程。最后着重介绍了结构强震观测记录在几个方面的具体工程应用，并简要展望了工程结构强震观测及观测记录数据应用等方面几个重要发展趋势。

需要说明的是，在结构强震观测记录分析与处理方法部分，本书没有给出复杂的公式推导，只阐明了各种强震观测记录处理方法的基本原理及简单过程，并给出了具体的应用分析实例，使相关科研或工作人员能够直观了解技术与方法所得结果，遇到类似工程问题可以参考采用或选择什么方法处理和解决。本书虽然只讨论了建筑结构强震观测记录分析与处理，但其中涉及技术与方法，对于其他类工程结构的强震观测记录，如桥梁工程、大坝工程等，也是同样适用的。

阅读本书需要一定数字信号处理、系统辨识理论以及地震工程等基础理论知识，读者可自行参阅此类相关文献图书资料。本书可供从事工程结构强震观测相关研究与工作的人员参考。

本书得到中国地震局工程力学研究所基本科研业务费专项资助项目（2016A01）、国家重点研发计划课题（2017YFC1500601）和国家自然科学基金面上项目（51678541）资助，特此说明。

由于作者水平有限，书中错误疏漏在所难免，望读者谅解并给予批评指正。

目　　录

第一章 概 论

1.1 引言

工程结构强震观测，也称为结构强震动观测、结构地震反应观测或结构地震反应监测，是指通过在实际工程结构上布设强震仪等观测仪器及设备，获取与记录结构在地震中的真实地震反应。通过对结构实际地震反应记录分析，人们可以直接了解结构在强震作用下反应特征和破坏机理，研究与评价结构抗震性能，从而有针对性地改进结构抗震设计理论、技术与方法。某种意义上讲，工程结构强震观测是结构抗震设计理论与技术发展的重要基础之一，正因为如此，世界范围内地震多发国家对结构强震观测工作给予了高度重视，在地震易发区域及地震高风险区，建设了大量结构强震观测台阵，以期在未来地震中获得结构实际地震反应记录。本章主要阐述了结构强震观测的重要意义以及主要工作任务，回顾了结构强震观测的发展历程。

1.2 结构强震观测意义

布设工程结构强震观测台阵、开展结构强震观测的重要目的之一是，利用结构强震观测台阵获取的结构实际地震反应记录，分析、理解和掌握各类工程结构在强震作用下的反应特征、损伤机理及破坏规律。分析所得结果一是用来确定结构经历地震后的安全状态，确认结构经历地震后能否正常使用、修复后使用或不可修复，即为结构震后安全鉴定及震后修复提供参考依据；二是用来检验和验证结构抗震设计与建造技术合理性和科学性，并以此为基础改进结构抗震分析技术，完善抗震设计方法，从而提高工程结构抗震能力，减轻未来地震中经济损失与人员伤亡。此外，还可以利用工程结构强震观测台阵，开展地震灾害评估和地震震害信息收集工作，可以更为科学地对大地震震害进行全面评估，用以指导震后应急救援和烈度评估等工作。因此，结构强震观测对于提升工程结构抗震能力、减轻地震灾害损失等具有十分重要的理论意义和实用价值。

具体来说，工程结构地震反应观测系统一旦在地震中尤其是强烈地震中获得反应记录，工程技术人员便可以根据结构实际地震反应记录情况，了解和分析各类结构在强震作用下的反应特征、损伤机理与破坏规律，确定地震作用下的结构反应和导致破坏的数学物理模式，判断工程结构是否发生了破坏与破坏水平以及经历过地震的结构是否还能经受得住未来的地震考验，并用于完善工程结构抗震设计理论，改进工程结构抗震设计方法。除此以外，一些大型、复杂的工程结构在建立理论分析计算模型时都做了一些简化和假设，这些假设和计算模型是否合理也需要采用实际工程结构地震反应进行检验，以保证未来结构计算分析与抗震设计的可靠性和合理性。

特别近些年来，国内外发生了多次强烈地震，造成了大量工程结构破坏与倒塌，并由此导致了大量人员伤亡和巨大经济损失。工程结构在地震中的损伤破坏程度，主要由两个因素控制，一是地震中地面震动的强度，地面震动强度越大，结构破坏往往越严重；二是工程结构本身的抗震能力，结构抗震能力越差，结构在地震中越容易发生破坏。实际中人们很难控制或预测未来地震中地面震动的强弱，因此减轻工程结构地震破坏及由此带来的地震灾害损失主要途径只有依靠提高工程结构本身的抗震能力。而提高工程结构抗震能力，首先要掌握工程结构地震反应特征及损伤破坏机理，才能有针对性地改进抗震设计技术，完善抗震设计方法。特别是工程结构一旦在大地震中获得了结构地震反应记录数据，相当于对结构开展进行了一次原型结构振动试验，反应记录数据中包含着大量结构特性、结构损伤和结构抗震性能等方面信息。因此，对工程结构进行地震反应观测，并研究结构在实际地震中的反应过程与破坏特征，是提高工程结构抗震分析和设计水平，进而减轻地震灾害的一种非常有效的手段。

鉴于工程结构强震观测的重要性，世界受到地震威胁较为严重的国家越来越重视结构强震观测台阵的建设工作，已经成为世界多地震国家防震减灾的重要组成部分。目前工程结构强震观测也正在向着观测技术智能化、观测目标精细化、台阵建设低成本化以及台阵观测多功能化等方向发展，成为国际地震工程领域重要发展方向之一。

1.3　结构强震观测任务

直到目前为止，工程结构强震观测仍是人们了解和掌握工程结构在强地震作用下反应性态的最直接手段之一。结构强震观测主要任务是通过在建筑房屋、水库大坝、大型桥梁、核电站、海洋平台及生命线工程等各类重要和典型工程结构上布设强震仪器，获取各类工程结构物或构筑物在未来真实地震中的反应记录，为各类工程结构抗震设计、震害评估与安全鉴定、震后加固与修复等工作提供重要参考和依据。其主要工作任务包括：选择典型工程结构作为观测对象，一般选择典型和重要的工程结构；针对选择的工程结构开展分析或测试，确定观测台阵中传感器类型、测点布设位置；定期对布设的结构观测台阵开展维护，保证其正常运行功能；结构观测台阵在地震中获得结构反应记录后，及时处理和发布这些记录，为科研和工程技术人员提供研究基础数据。

除了结构地震反应记录以外，与结构地震反应数据密切相关的其他基础资料和数据，也需要及时收集和处理，如工程结构原始设计与建设资料、结构所在位置的场地信息与特征资料、地震中受损情况等等。完整的结构地震反应观测资料，至少可以为以下研究或工作提供最为重要的基础资料，这也是结构地震反应记录的后期应用范畴：

（1）分析工程结构整体和局部地震反应非线性行为，探索结构地震损伤与破坏机理，检验结构动力学模型合理性与正确性。

（2）识别与确定结构动力特性参数及其影响因素，确定结构动力学参数地震中时变特征，诊断结构地震破坏水平及损伤位置，评估震后结构安全状态。

（3）确定与结构反应及损伤相关的地面运动参数或设计地震动参数，检验结构抗震设计理论，完善抗震设计方法，改进与加强结构抗震体系。

（4）评估地震烈度分布，估计地震灾害损失，确定地震受灾严重区域与范围，服务于大地震后的应急救援与抗震救灾等工作。

除此以外，随着结构强震观测技术的发展和人们对结构强震观测要求的提高，结构地震反应观测功能越来越丰富，地震反应记录应用范围也越来越广，如采用结构强震观测台阵对结构健康状况进行监测诊断、实时处理与分析地震反应记录实现地震预警等等。工程结构强震观测重要功能及地震反应观测记录应用范围如图 1.3-1 所示。

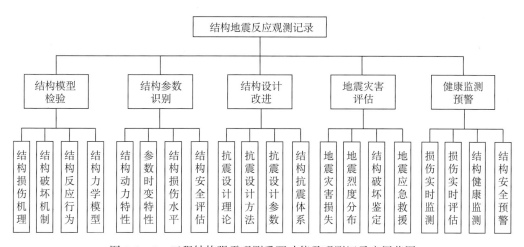

图 1.3-1 工程结构强震观测重要功能及观测记录应用范围

1.4 结构强震观测发展历程

纵观工程结构地震反应观测技术发展历程，世界范围内美国、日本等国家技术较为先进，开展了大量工程结构强震台阵布设、研究与应用工作，已经布设了大量典型建筑结构地震反应观测台阵，获得了相当数量的结构地震反应记录，并广泛应用于结构抗震设计、结构性能评估、结构损伤评估等研究和实际工作。

1.4.1 美国结构强震观测发展

建筑结构强震观测技术是伴随强震动观测开展而逐步发展起来的，美国强震动观测计划 NSMP（National Strong Motion Program）的历史可以追溯至 20 世纪 30 年代。1929 年，世界地震工程大会在日本东京举行，与会地震学家认为，迫切需要发展在强烈地震发生时能够记录地面运动和典型结构地震反应的观测仪器。1931 年，美国国会设立专项资金，委托海岸和大地测量局（Coast and Geodetc Survey）开展一项工程地震计划，包括研制强震观测仪器和建立国家强震台网 NSMN（National Strong Motion Network）（李鸿晶等，2000）。1932 年，美国成功研制了第一台定名为 USCGS 型的加速度强震仪，并于 1933 年将第一批 4 台该类型仪器安装于南加州地区，标志着现代强震动观测的起步，同年 3 月 10 日在加州长滩地震中获得第一个地震加速度记录，这也是人类首次采用仪器记录到地震中强地面运动加速度记录（谢礼立、于双久，1982）。

随着强震动观测技术不断发展，美国强震观测台网规模在不断扩大，同时也推动了建筑结构地震反应观测发展。至 1972 年，美国 NSMN 已经在全美境内固定台站上设置了 575 台强震仪，台网管辖权也转交给国家海洋和大气管理部门。1973 年，美国国家强震观测计划 NSMP 由美国内政部（U. S. Department of the Interior）地质调查局 USGS（U. S. Geological Survey）接管，成为美国国家减轻地震灾害计划 NEHRP（National Earthquake Hazards Reduction Program）的一部分（李鸿晶等，2000，2003）。截至 21 世纪初，NSMP 共在 645 个固定台站布设了 900 套强震动观测设备，其中约 300 个布设在自由场地和 2 层以下建筑物内，250 个（部分为 3 通道以上）布设在建筑物、桥梁以及大坝、水库和电力设施上（李山有，2004）。

美国在开展场地强震动观测工作的同时，颁布的相关法律法规也促进了建筑结构强震观测工作的发展。如 1965 年，洛杉矶市规定 10 层以上和面积在 60000ft^2 * 的 6 层以上建筑物必须在楼顶、楼底及中间布设 3 台强震仪器，1967 年美国统一抗震规范 UBC（Uniform Building Code）也做了类似规定。美国蓝皮书则规定：在可能发生强震的区域内，各种类型工程结构都应该安装强震仪器，且强震仪应位于能够捕捉平动、扭转、摇摆和地板变形的位置上，尽可能测量层间位移和结构整体位移。

1972 年，由于美国西部发生大地震较多，地震灾害较为严重，美国开始实施加州强震观测计划 CSMIP（California Strong Motion Program），该计划由加州资源保护部（California Department of Conservation）矿业与地质管理处（Division of Mines and Geology）负责实施，其目的是通过州立强震台网为工程建设和科研机构提供地震动数据。1985 年，CSMIP 委员会下属的建筑强震观测分委员会发布了建筑强震动观测推荐性标准。截至 21 世纪初，CSMIP 共建设了 900 多个强震台，其中 650 个布设在自由场地，250 个布设在建筑物、大坝以及桥梁等工程结构上（李山有，2004）。

美国建立的强震动观测台网，在多次大地震中获得了大量地面强震动记录及工程结构地震反应记录，如 1971 年 San Fernando 地震、1984 年 Morgan Hill 地震、1987 年 Whittier 地震、1989 年 Loma Prieta 地震、1991 年 Sierra Madre 地震、1994 年 Northridge 地震等等。特别是在 1994 年 1 月 17 日发生的 Northridge 地震中，CSMIP 共有 193 个台站（阵）在这次地震中获得记录，其中包括 116 个地面观测台站和 77 个各类工程结构地震反应观测台阵，是获得地面地震动记录和结构地震反应记录较为丰富的一次地震。研究者们利用这些地震动记录和结构地震反应记录，从不同角度开展了大量分析与研究，取得了较为丰硕的成果，并在实际中得到了广泛应用。

1997 年，美国成立了强震动观测组织联合会 COSMOS（Consortium of Organizations for Strong Motion Observation），该联合会成立的主要目的是促进不同强震观测计划和强震观测机构之间合作，改进强地面运动观测技术，解决强震观测和数据处理中的共性问题，并协助对

———————————
　* 1ft=0.3048m；后同。

强震动记录进行发布（COSMOS，2001a）。另外，COSMOS 通过年度技术会议的方式，积极加强和促进强震动观测、抗震规范修订、岩土工程及结构工程等多个领域之间的联系与合作。

1999 年，美国地震调查局（USGS）发表《美国地震监测评估——国家现代地震监测系统的需求》，提出要建立现代地震监测台网系统 ANSS（Advanced National Seismic System），以满足国家防震减灾需求。2000 年，美国国会颁布《国家地震减灾计划》再授权法案，作为该计划的一项支撑设施，创立了 ANSS，其地震监测成果主要服务于科学研究及防震减灾工作需求，包括增强人们对建构筑物地震响应机理的理解。在观测台站布设和建设方面，ANSS 计划在自由场地及建筑物、桥梁和其他构筑物中安装 7100 个现代化地震站点（邹立晔等，2018）。ANSS 提供的地震信息服务产品较为丰富，如地震信息即时通知、地震实时震动图、全球地震即时评估以及各类强震动观测数据等等，一定程度上提升了美国地震监测和防震减灾能力。美国 ANSS 是当前世界上最为先进的地震监测系统，为其他国家和地区建立地震监测系统、观测台网及观测数据应用提供了很好的范例。

2001 年，在美国自然科学基金 NSF 和美国地质调查局 USGS 资助支持下，COSMOS（2001b）针对建筑结构强震动观测，召开了一次专门研讨会（Workshop on Strong-Motion Instrumentation of Buildings）。研讨会主要围绕建筑结构强震台阵布设规划与指南、未来建筑结构观测需求、观测仪器布设技术、建筑结构选择策略以及观测台阵及记录应用和结构地震监测未来发展方向等多个方面进行了详细讨论。该次研讨会之后，2002 年美国 ANSS 技术集成委员会（ANSS Technical Integration Committee）起草发布了 ANSS 实施技术指南，对强震观测台站及结构强震观测台阵的观测仪器、台站布设安装、数据存储发布、数据分析应用等多个方面进行了说明（USGS，2002）。在 COSMOS 技术研讨会和 ANSS 实施技术指南发布之后，鉴于强震观测技术发展和结构健康诊断需求，2005 年 ANSS 结构强震观测委员会（ANSS Structural Instrumentation Committee）专门针对工程结构强震观测，起草发布了 ANSS 土木工程地震监测指南草案，主要对各类工程结构强震观测、软硬件需求等，给出了较为系统的指导性意见（USGS，2005）。

2012 年，美国多个计划拓展了建筑结构台阵的功能，建立了退伍军人事务部医疗建筑高级地震监测系统，系统包括数据检索和处理、损伤检测和定位、自动报警系统和信息发布系统等。结合使用敏感型加速度计和计算机实时处理分析，迅速确定地震事件后每个医院建筑结构的安全状况，以确保病人和工作人员的安全（Kalkan et al.，2012）。

2017 年，第十六届世界地震工程大会上，美国凯尼公司展示了迪拜世贸中心应急反应系统中的结构整体安全监测系统和快速评估系统。通过布设的结构地震监测台阵，可以进行建筑结构评价、实时监控、震后评估和应急响应规划，以减少停工时间和持续的商贸来节约资金，满足人们和城市日益增长的安全需求，同时更好地进行人员疏散和恢复秩序，提高对建筑安全的可信度，同时缓解人们在应急状态下的恐慌心态。对于重要和重大建筑结构而言，这是一个较好的地震监测系统布设、反应数据处理及实现不同功能的参考范例（周宝峰等，2017）。

1.4.2　日本结构强震观测发展

日本是一个多地震国家，饱受地震灾害之苦，所以日本早在 1875 年就开始了地震观测，当时日本东京气象台购置了 Palmieri 式地震仪并开始布设。这是世界上第一种真正意义的地震监测仪器，由意大利科学家卢伊吉·帕尔米在 1855 年发明，但只能粗略测得地震时间和强度。1880 年 2 月 2 日，日本发生了一次以东京湾为震中的直下型 M5.9 地震，东京、横滨成为受灾中心且地震灾害非常严重，以这次地震为契机，日本成立了地震学会。时任日本东京帝国工程学院地质学和矿物学教授的英国人约翰·米尔恩担任地震学会副会长并致力于研制地震监测仪器，在同事詹姆斯·尤因和托马斯·格雷的帮助下，约翰·米尔恩设计发明出多种地震监测仪器，其中最为著名的是格雷·米尔恩（Gray Milne）地震仪，日本于 1883 年开始布设该类地震监测仪器。1900~1910 年，日本又先后研制了大森式强震仪和今村式强震仪，并在全日本范围内进行布设。1923 年 9 月 1 日，日本发生了 M7.9 关东大地震，由地震及其次生灾害造成了巨大的经济损失和人员伤亡，给日本带来了巨大地震灾难。1923 年关东大震后至 1927 年，日本地震观测台站设置了以大森式强震仪为主的 20 余台强震仪，但随着三分向、带有阻尼器的中央气象台式强震仪的出现，大森式和今村式强震仪逐渐被中央气象台式强震仪取代。中央气象台式强震仪从 1927 年开始布设，1941 年，经过改进而使固有周期变长的新型气象台式强震仪（41 型）出现，1940~1949 年，这两种强震仪共有 40 台左右在日本全国运行。后来以 41 型强震仪为基础，日本在 20 世纪 50 年代初期又先后改进研制了 50 型、51 型和 52 型强震仪并开始布设（范一超，1984）。

实际上在日本关东大地震之后，日本地震学家提出要发展新型强震动观测仪器，开展强震动观测工作，希望通过强地面运动观测及结构地震反应观测，了解地震产生的地面震动强度及特征，以及结构地震反应特征，解决工程结构抗震问题。但直至 1951 年，日本才成立了由地震学家和工程技术人员组成的强震加速度计委员会（Strong Motion Acceleration Seismograph Committee），并于 1953 年成功研制了 SMAC 型机械式强震动加速度仪（型号名称是该委员会英文名称缩写），并在东京大学地震研究所设置了强震动观测台站（谢礼立、于双久，1982）。这种 SMAC 型机械式强震仪是专门为测量建筑物地震反应而研制的，因此最初大部分 SMAC 型强震仪设置在建筑结构上，极少架设在自由场地上，后来有一些设置在了土木工程结构和土工结构的基础上（柴田碧著，肖光先译，1982）。1955 年，日本总理府资源调查委员会向总理大臣提交了一份"强震测定计划的建议书"，对强震动观测的重要性以及台网布设、组织管理、资料处理和协作问题等具体实施办法作了详细论述，此后日本强震动观测工作迅速发展起来。1964 年新潟地震后，日本又提出了"耐震工学研究的强化扩充"计划（谢礼立、于双久，1982；周雍年，2011）。

为了将日本全国开展强震动观测工作的有关单位组织起来，更好地掌握强震动观测台网的发展状况，研究和调整强震动台网的布设计划，收集、整理和发表强震动记录，1967 年在国立防灾科学技术中心（现为防灾科学技术研究所）设立了"强震观测事业推进联络会议"，对日本强震动观测工作的不断发展发挥了很大作用。为了增加地面强震动观测台站，1978 年又向科技厅提出了"关于为确定地震危险度所必需的强震观测建议书"，大大推动了日本政府对强震动观测的投入和强震动观测工作的发展，到 20 世纪 80 年代，日本布设的强震观测仪器数量约为 1400 台。

1995 年 1 月 17 日，日本兵库县阪神大地震发生，地震中大量建筑结构物及工程构筑物发生了严重破坏，导致了严重经济损失和人员伤亡，更加推动了日本强震观测工作的发展。日本防灾科学技术研究所制定、实施了 K-NET（Kyoshin Network）和 KiK-net（Kiban Kyoshin Network）强震台网布设计划，K-NET 台网由 1000 多个台站组成，台站间距平均约为 20km，几乎覆盖了整个日本国土，主要用来观测地表强地面运动；KiK-net 由大约 700 个台站（根据 Kashima 资料显示为 660 个）组成，每个台站通过钻孔都设置了井下和地面高精度地震观测仪器，开展地下和地面强震动观测工作。

鉴于 1995 年日本兵库县阪神大地震救灾经验与教训，为了提高地震灾害早期情报时效性，1997 年日本横滨市建立了实时地震灾害评估系统 READY，该系统由 3 个子系统组成：强震动监测系统、实时地震灾害评估系统、震害信息收集系统。地震灾害评估系统 READY 可以根据强震监测系统获得强地面运动数据，在震后 10 分钟内给出地面震动分布图和场地潜在液化分布图，并进一步结合木结构分布情况及木结构振动特性，在震后 20 分钟内确定木结构房屋的破坏程度，给出木结构建筑房屋破坏及震害分布图。READY 系统的震害信息收集系统，还可以汇总全市包括生命线工程在内的各类工程结构地震震害情况，最终产出实际震害分布图（周雍年，2011）。

在结构地震反应观测方面，1999 年，日本建筑学会强震观测委员会提出了建筑物强震观测发展议案，主要内容包括：以大约 50km 为间隔确定 177 个基本观测点，在每个基本观测点的一栋建筑物上布设 7 台强震仪，共 1239 台；选定 80 个人口在 30 万以上或县厅所在地的大都市作为强震观测点，并在每个强震观测点上各选择 3 栋建筑物分别布设 7 台强震仪，共 1680 台；建设若干个高密度建筑物强震观测台阵（王飞，2006）。通过多项强震观测计划实施，日本布设了大量工程结构强震观测台阵及系统，并在实际地震中取得了大量工程结构地震反应记录，为研究不同类型工程结构的抗震性能、损伤机理及破坏机制等，提供了大量基础分析资料，这在一定程度上也大大提升了日本的工程结构抗震设计技术水平。

在日本除了由政府投资建设的强震观测台站外，许多相关大学、科研单位以及企业单位也在参与工程结构地震反应观测相关的研发、建设或类似工作。如日本东京煤气公司在 1994 年建成了一个用于评估煤气管道系统震后破坏状况的 SIGNAL 系统，该系统由地震动观测、震中估算和破坏评估等三大部分组成，可以在震后 10 分钟内评估出震害严重区域，为是否关闭震害严重地区的煤气管道并及时制定修复计划提供参考。1998 年东京煤气公司又开始建立高密度实时地震监测系统 SUPREME，主要通过设置新型谱烈度计，提高地震灾害与破坏评估的精准度和可靠性（周雍年，2011）。

在 2017 年举行的第十六届世界地震工程大会（16WCEE）上，日本欧姆龙公司展示了其发展的结构健康监测系统传感器布设方案，该方案建议每栋建筑物设置 2~5 台强震仪组成结构强震观测台阵系统，实现 24 小时不间断监测建筑结构的刚度等参数变化。地震发生时，监测系统及配套专用软件可以实时分析地震反应数据，通过邮件或网站发布分析结果及应急方案等资料，用户依据分析结果可自行判断是否采取避难或补救措施。地震观测系统可以在地震后数分钟内分析建筑结构的地震损伤及破坏程度，自动判断建筑结构是否需要修复和加固，从而帮助用户做出科学决策，同时也提供了结构修复质量监控，解决工程师在目视检查上的不足与纰漏。该套系统既可以实现结构健康状况长期监测，也可实现地震损伤监测与评估，为利用结构强震观测台阵实现结构健康监测功能提供了很好的设计参考范例，是结构地震反应观测未来发展的重要方向之一（周宝峰等，2017）。

1.4.3 中国结构强震观测发展

我国强震动观测工作开始于20世纪60年代初期，1962年中国科学院土木建筑研究所（现中国地震局工程力学研究所）在新丰江大坝布设了我国第一个强震动观测台站，标志着我国强震动观测工作的开始。尽管我国已经开展强震动观测工作至今已有60余年历史，但总体而言，我国建设的建筑结构地震反应观测台阵相对偏少，"九五"以前建成的建筑结构强震观测台阵主要有民航局13层钢筋混凝土框架结构、呼家楼5层砖混结构、友谊宾馆7层砖混结构、天津医院9层钢筋混凝土框架结构、北京饭店17层钢筋混凝土框架结构和北京外交公寓16层钢筋混凝土框架结构等（刘恢先，1985）。"九五"期间，我国在北京市人大办公楼、云南省抗震培训中心和昆明佳华广场建立了结构地震反应观测系统（崔建文等，2002；王飞等，2006）。中国地震局也对地震局防灾大楼进行了强震台阵布设，其布设方案为我国后续建筑结构的强震观测台阵建设提供了很好的借鉴和参考。

近些年来，在国外大力发展结构强震观测台阵的影响下，我国也开始重视建筑结构强震观测台阵建设工作，并制定了相关的法律法规或管理办法，保证和推动了结构强震观测的发展。《建筑抗震设计规范》（GB 50011—2010）（2016年版）明确规定：抗震设防烈度为7、8、9度时，高度分别超过160、120、80m的大型公共建筑，应按规定设置建筑结构的地震反应观测系统，建筑设计应留有观测仪器和线路的位置。2009年，上海市城乡建设和交通委员会、上海市地震局联合印发了《关于超限高层建筑布点地震强震动监测设施的若干意见》。2010年，山东省在关于贯彻《山东省地震重点监视防御区管理办法》的实施意见中强调：依法加强超限高层建筑等特定建（构）筑物的强震动监测设施建设，为重大建设工程地震安全和次生灾害预报预警提供服务（山东省地震局，2010a）。同年《山东省防震减灾条例》第十六条规定：核电站、油田、蓄能电站、大型水库、大型煤矿等重大建设工程的建设单位，应当建设专用地震监测台网或者强震动监测设施；新建的跨海、跨河特大桥和超限高层建筑物、构筑物，应当设置强震动监测设施（山东省地震局，2010b）。

2011年，《云南省防震减灾条例》第十四条规定：水库、矿山、石油化工、特大型桥梁和超高层建筑等重大建设工程，建设单位应当按照国家和省的有关规定建设专用地震监测台网或者强震动监测设施，其建设资金和运行经费由建设单位承担，省、州（市）地震工作主管部门应当对专用地震监测台网或者强震动监测设施的建设给予指导（云南省地震局，2011）。2012年，《广东省防震减灾条例（2012年修正本）》中规定：120m以上的超高层建（构）筑物或者结构特殊、对经济社会有重要影响的建设工程或者设施，应当按照国家有关规定设置强震动监测设施（广东省地震局，2012）。2013年，《北京市实施〈中华人民共和国防震减灾法〉规定》中第七条规定：新建、扩建、改建的120m以上的高层建筑、特大桥梁、大中型水库以及供水、供电、供气、供热主干线及城市大型交通、通信枢纽等基础设施主体工程，应当建设强震动监测设施（北京市地震局，2013），2017年该规定又做了进一步更新和修订。我国其他省市针对结构地震监测或结构强震动观测等内容也有类似规定，这些文件的制定和实施，在一定程度上推动和促进了我国工程结构地震监测台阵建设。

在各级政府对结构地震反应观测工作重视下，我国近十几年来建设了多个重要工程结构地震反应观测台阵，如北京银泰中心、上海环球金融大厦、防灾科技学院实验楼、北京市昌平区体育馆、深圳地王大厦等。可以说目前我国对于典型及重要建筑结构（超高层建筑、隔震建筑、高层商住房和大跨度结构等）地震反应观测台阵建设工作重视程度与日俱增，发展趋势良好。

尽管如此，同时也应看到，目前我国在建筑结构强震观测方面的投入还很不足，尽管国家或地方已制定了相关法规、规范或指南，但是由于结构地震监测台阵的建设和运维经费限制等原因，现有建筑结构地震反应观测系统相对较少，用途和功能也相对比较单一，一般仅用于强震动观测目的，并且在地震中获得有工程意义的结构地震反应记录也很少。因此，我国很有必要在地震高危险区及地震多发地区，研究和建立集结构强震动观测、结构健康监测以及结构震后评估等多功能于一体的结构强震观测台阵及数据分析处理系统示范工程，以引领和指导我国结构强震动观测发展和建设，为我国结构强震动观测提供方法与技术支持。

1.5　小结

本章简要阐述了工程结构强震动观测工作的重要意义、主要任务以及实现功能，回顾与总结了美国、日本及我国工程结构强震动观测的发展历程，建议了我国工程结构强震动观测的发展方向。

参 考 文 献

北京市地震局，2013，北京市实施《中华人民共和国防震减灾法》规定，北京

柴田碧著，肖光先译，1982，最近日本地震工程研究和发展的概况及评述，国外地震工程，Z1：119~125

崔建文、赵永庆、付正新等，2002，隔震及超高层建筑的地震反应观测，地震研究，25（2）：173~185

范一超，1984，日本强震仪的发展史，国际地震动态，3：25~28

广东省地震局，2012，广东省防震减灾条例（2012年修正本），广州

李鸿晶、张伟郁，2000，美国加州地区的结构强震观测计划及研究工作，世界地震工程，16（1）：77~83

李鸿晶、朱士云、Mehmet Celebi，2003，强震观测建筑结构的地震反应分析，地震工程与工程振动，23（6）：31~33

李山有，2004，强震动观测的应用，东北地震研究，20（4）：64~74

刘恢先，1985，唐山大地震震害，北京：地震出版社

山东省地震局，2010a，山东省地震重点监视防御区管理办法，济南

山东省地震局，2010b，山东省防震减灾条例，济南

上海市城乡建设和交通委员会、上海市地震局，2009，关于超限高层建筑布点地震强震动监测设施的若干意见，上海

王飞，2006，结构地震反应观测台阵布设方法的研究，中国地震局地震预测研究所

王飞、胡平、王湘南等，2006，北京市人大办公楼的结构地震反应观测台阵研究，地震地磁观测与研究，27（2）：68~73

谢礼立、于双久，1982，强震观测与分析原理，北京：地震出版社

云南省地震局，2011，云南省防震减灾条例，昆明

周宝峰、樊圆、温瑞智等，2017，建筑结构地震反应观测台阵的发展现状及展望，地震工程与工程振动，37（3）：57~66

周雍年，2011，强震动观测技术，北京：地震出版社

邹立晔、梁姗姗、杜广宝等译，2018，美国国家现代地震监测系统（ANSS）——现状、发展机遇和战略规划（2017~2027），世界地震译丛，49（5）：397~423

GB 50011—2010　建筑抗震设计规范

COSMOS, 2001a, Guidelines for Installation of Advanced National Seismic System Strong-Motion Reference Stations, COSMOS Publication No. CP-2001/02, Richmond, Calif.

COSMOS, 2001b, Invited Workshop on Strong-Motion Instrumentation of Buildings, COSMOS Publication No. CP-2001/04

CSMIP, 1985, Recommended Building Strong Motion Instrumentation Criteria for the California Strong Motion Instrumentation Program, Prepared by the Building Instrumentation Subcommittee of the California Strong Motion Instrumentation Program for the California Seismic Safety Commission

Erol Kalkan, Krishna Banga, Hasan S Ulusoy et al., 2012, Advanced Earthquake Monitoring System for U. S. Department of Veterans Affairs Medical Buildings-Instrumentation, Open-File Report 2012 – 1241, U. S. Department of the Interior, U. S. Geological Survey

USGS, 2002, Technical Guidelines for the Implementation of the Advanced National Seismic System-Version 1. 0, Prepared by ANSS Technical Integration Committee, USGS Open-File Report 02 – 92

USGS, 2005, Guideline for ANSS Seismic Monitoring of Engineered Civil Systems-Version 1. 0 (Public Review Draft), Prepared by the ANSS Structural Instrumentation Guideline Committee, USGS Open-File Report 2005 –1039

第二章　结构强震观测台阵布设

2.1　引言

无论强地面运动观测还是工程结构地震反应观测，都需要能够记录地面震动或结构地震反应振动的特定仪器，这就是强震仪。而针对不同观测对象，或要实现的特殊观测目的，需要对强震仪进行合理的布置或布设。本章主要阐述了强震观测仪器的发展，总结了建筑结构强震观测系统与台阵布设原则，并给出了不同功能结构强震动观测台阵的布设范例。

2.2　强震观测仪器发展

强震仪（Strong Motion Seismograph）是随着人们对强地面运动观测需求而发展起来的，主要用来记录强烈地震中地面运动或工程结构地震反应，一般由拾震系统、记录系统、触发-起动系统、时标系统和电源系统等五部分构成。传统意义上的现代强震仪自 20 世纪 30 年开始研发，经历了近一个世纪的发展，目前正在向着高精度、高灵敏度、大动态范围以及小型化发展。

2.2.1　传统强震仪

传统地震观测仪器发展于 19 世纪并完善于 20 世纪，而用于测量并记录地面或工程结构地震反应的强震动仪器在 20 世纪 30 年代才得以发展。1929 年，日本东京召开了世界地震工程大会，会上美国学者约翰·弗里曼和日本学者末广恭二呼吁设计和制造记录强震动的仪器。1931 年，在美国土木工程学会报告会上，末广恭二教授第一次提出了关于"工程地震"的术语，为了设计可以有效抗御地震的结构，强调了直接测量强震动重要性。1931 年，美国相关部门开始建立国家强震动观测计划，其中就包括强震观测仪器研发和国家强震台网建设。1932 年，美国成功研制了世界上第一台现代意义的强震仪（内置加速度计），如图 2.2－1 所示，这是现代强震观测仪器发展的开始。第一批仪器被布设于南加州洛杉矶地区，并在 1933 年 3 月 10 日的长滩地震中获得第一条强震动加速度记录，这标志着现代地震工程的诞生（Trifunac，2009；于海英，2017）。

20 世纪 70 年代，美国先后研制出第一代 SMA－1 型光记录式强震仪、第二代 SMA－2 型和 SMA－3 型模拟磁带记录式强震仪，但这些强震仪都存在记录动态范围小、记录不完整等缺点。20 世纪 80 年代，美国研制出第三代 DSA－1 型和 PDR－1 型数字磁带强震仪，但仍然存在误触发、需要专门回放设备等问题。不久之后，美国研制了 SSR－1 型固态存储式数字

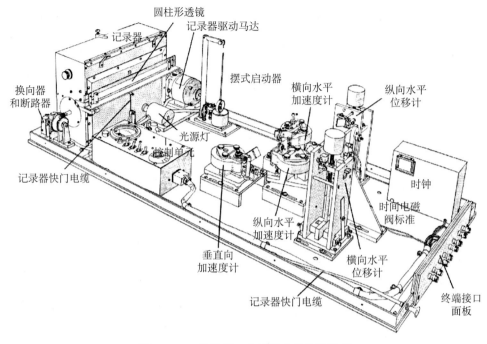

图 2.2 - 1　世界第一台现代意义的强震仪

强震仪，被视为第四代强震仪。该仪器可将地震模拟信号通过 A/D 转换为数字信号存储在
SRAM 存储器里，只需与计算机的串口相连就可以回收数据，强震仪性能大为提高。

20 世纪 90 年代，美国先后研制了 K2 型及大动态范围的固态数字存储强震仪。21 世纪
初，美国凯尼公司研制了 ETNA 型强震仪，并在近些年先后推出了 Basalt 型、Obsidian 型及
ETNA2 强震仪。这三种型号强震仪较前几代强震仪在系统上有跨越式的发展，采用了嵌入
式系统结构，被称为可进行二次开发的数字强震仪。这几种强震仪在存储能力、数据传输等
性能方面较以前的强震仪均有大幅度提升（段向胜等，2010；于海英等，2017）。

尽管日本很早就对地震进行观测（可参考第一章相关内容），但真正在工程领域特别是
工程结构的强震观测工作始于 20 世纪 50 年代，1948 年福井地震使日本学者再次深刻意识
到进行强震动观测的必要性，1951 年由研究人员和工程技术人员组成的强震加速度计委员
会开始研制新型强震仪，并于 1953 年成功研制了针对工程结构观测的 SMAC 型强震仪并开
始布设。1995 年 7 月，日本政府颁布实施了《地震灾害预防特别法》，根据该法案规定，日
本政府开始更新地震观测系统，新安装了大量强震仪。其中，日本防灾科学技术研究所
（NIED）布设了 1034 台强震仪构建了全国范围的强震动观测网络 K - NET（Kyoshin
Network）；NIED 同时也在建设 KiK-net（Kiban Kyoshin Network）强震动观测网络，该网络
是 Hi-net（High-Sensitivity Seismograph Network）的子网，由安装在地表和井下（超过 100m
的深处）的 660 个强震动观测台站组成。为了满足日本气象厅地震烈度计算处理和增强近
实时数据通信功能，NIED 研制了新型强震仪（K-NET02），如果强震仪监测到地震发生，
将会自动在几十秒时间内与通信数据管理中心建立联系。此外，强震观测仪器的测量范围也

由 2.0g 增加到 4.0g，模数转换动态范围是 132dB（Kashima，2000）。

在我国，中国地震局工程力学研究所（以下简称工力所）是强震动观测工作的牵头单位。1962 年 3 月，广东新丰江水库发生了 6.1 级强震，为了研究坝体裂缝产生机理并给出应对措施，工力所在大坝上布设了自主研发生产的强震观测仪器。1965 年，工力所成功试制了六道电流计记录式强震仪，并与北京地质仪器厂合作进行了改进，1966 年正式定型，取名为 RDZ1 型，由北京地质仪器厂批量生产。1974 年，两个单位对原有型号仪器进行了改进，采用了小型化的拾振器、电动型触发系统及灵敏度自动换挡器，定名为 RDZ2 型强震仪，大约在同一时期，中国水利水电科学研究院研制了 SG-68 型电流计式强震仪。

20 世纪 80 年代，工力所研制生产了 DCJ 型伺服式加速度计和 RLJ 型差容式力平衡加速度计，并与地震仪器厂合作研制生产了 GQⅢ和 GQⅢA 型三分量直接光记录式强震仪，指标性能和当时美国 SMA-1 强震仪相当（谢礼立、彭克中，1984）。1988 年，工力所又研制成功 SCQ-1 型数字磁带记录式强震仪。20 世纪 90 年代，工力所成功研制了 SLJ-100 型力平衡加速度计，当时技术指标达到国际先进水平，性能稳定可靠。水利水电科学研究院也组织研制生产了适用于水库大坝结构观测的 EDAS-A 型、EDAS-B 型三通道和六通道数字强震仪，并布设在了我国十几个重要大坝工程上。

随着数字强震动观测技术的迅速发展，强震仪逐渐由传统胶片模拟记录方式过渡到数字记录式，大大加快了数据处理分析速度，同时也增强了观测数据的可靠性。由于数字强震仪具有动态范围大、频带宽、预存能力强、绝对时标精度高等特点，并可远程控制和实时数据通讯，在我国得到了很大的发展（高光伊等，2001）。2008 年，我国"5·12"汶川大地震更加推动了数字强震仪的发展和应用以及我国的台网建设工作，国际上一些新型号强震仪也在涌入中国市场，例如美国凯尼的 Basalt 型、Obsidian 型强震仪，美国 Reftek 公司的 130-SMA/9 型强震仪等等，一定程度上也促进了我国强震仪的研制和发展。

2008 年以来，中国数字强震动台网建设所使用的观测仪器均为数字强震动仪，如 GDQJ-Ⅱ、GDQJ-1A、GSMA-24IP、ETNA、K2、GSR-18、MR-2002 等 7 种型号的数字记录器，传感器大部分使用 SLJ-100 型力平衡式加速度计，只有少部分 ETNA 内置传感器采用 ES-T 型力平衡式加速度计。

2.2.2　新型 MEMS 强震仪

传统强震观测仪器通常被设计为测量地震中地面加速度、速度或位移，依赖于弹簧质量原理，其中惯性振动被转换成电信号，因此，传统强震仪的体积和重量通常较大，携带和使用起来比较不便。随着工程结构地震反应观测向精细化、密集化、多功能化等方向发展，研发一种体积小、质量轻、造价低的小型观测仪器渐渐成为工程结构地震反应监测新的需求。而采用微机电系统 MEMS（Micro Electro Mechanical System）技术制造的加速度传感器，恰恰满足了这种需求，因此近些年开始逐渐出现基于 MEMS 传感器的强震仪，其主要特点是体积小、重量轻、功耗小、成本低、易集成、抗冲击、过载能力强。由于其稳定性在不断提高和发展，目前从专业的 24bit 以上分辨力到 8bit 分辨力的低成本 MEMS 强震仪都有工程应用。

MEMS 强震仪在软硬件上均采用模块化设计，一般由 MEMS 加速度计、控制处理系统、数据存储系统、数据传输系统及内置高容量后备锂电的供电系统等组成。小型化的 MEMS 型强震仪具备以下特点并适合于多种场景应用：

（1）具有地震事件判断和触发记录功能，能够形成事件波形存储文件和连续波形存储数据文件，可应用于强地震监测、工程爆破、桥梁及房屋建筑健康检测等振动反应波形拾取。

（2）内置地震事件的地震动参数自动计算功能，可通过无线网络进行参数传送，且具有成本低、安装简便等特点，通过在城镇区域或需要重点监护地区密集安装布设，可以组建地震动参数速报强震观测网络，产出较为精细的震动图，为大地震应急救援及震害评估服务。

（3）由于采用模块化设计，可以通过加载地震波的 P 波检测程序模块，或添加震级等主要地震参数判别模块，处理结果可直接应用于时效性要求较强的大地震预警和烈度速报工作。

（4）与传统强震仪相比，由于造价和成本较低，可以布设密集化监测的工程结构观测台阵，实现结构构件级别的监测，并实现远程监控和无线数据传输，实现结构健康监测和地震反应观测等多种功能。

近十几年来，我国 MEMS 传感器产业系统正逐步完善，从研发、设计、代工、封测到应用，完整产业链已基本形成，未来将向提高性能、缩小体积、扩大功能、提高智能化等方向发展。目前我国 MEMS 传感器技术在地震行业中的研究与应用，主要集中在工程结构健康监测方面，如应用于建筑结构、大型桥梁、水库大坝等工程监测。在国外，基于 MEMS 传感器的强震仪已经达到较高的技术水平，基于 MEMS 芯片的各类观测仪器已经普遍应用于结构监测、核爆炸监测、地震预警和地震监测等领域。

总体来讲，基于 MEMS 小型化强震仪具有良好的发展前途和广阔的应用前景，随着其性能不断提高，在未来强地面运动观测、结构地震反应监测、结构健康诊断等领域应用会越来越广泛。

2.3　建筑结构观测台阵布设原则

一般来讲，主要从三个方面考虑如何布设结构地震反应观测台阵，一是总体规划设计，主要选择在哪些地区或区域布设观测台阵，一般选择地震高危险区及地震易发区布设，这些地区发生破坏性大地震的可能性大，获得结构反应记录的可能性也就高；二是针对已经确定的具体地震监测区域，分析需要观测的目标结构数量，并筛选出在哪些具体工程结构上布设地震反应观测系统，一般根据建筑物使用功能、重要性或兼顾建筑物分布情况选择观测对象；或根据国家或地方相关规定要求，在满足特定条件的工程结构上布设地震监测系统；三是一旦选定被观测的目标工程结构，针对结构具体情况设计观测内容、测点数量和测点布设位置，尽量使测点布置恰当合理，从而可以完整记录结构地震反应情况，同时也可以兼顾布设台阵经济性。

2.3.1　建筑结构观测台阵总体规划

从建筑结构台阵布设而言，在哪些建筑结构上布设强震动观测台阵或系统，首先从国家层面需要统一部署和安排，有关执行部门要制定长期发展目标和短期建设目标，做好强震动观测规划，主要依据防震减灾需求，结合强震观测台网建设，选定重点观测区域，确定观测目标结构数量，给出具体结构强震观测台阵建设指导意见。另外，在国家投资建设结构地震监测台网同时，政府部门也要鼓励研究单位、企事业单位结合具体工作需要，建立结构强震观测台阵，并提供必要的技术或部分资金支持。

以美国结构地震反应观测为例，美国建筑结构地震反应观测台阵建设总体规划中，确定各州或各区域建设结构强震观测台阵数量是一项最为重要的工作。一般采用两种方法，一种是根据人口密度来确定建筑结构台阵的布设数量，另一种是根据年平均地震损失确定布设结构台阵数量（COSMOS，2001）。

第一种根据人口密度来确定建筑结构台阵的布设数量方面，要求在城市密集地区布设足够数量的强震观测台阵以确保减灾的目的。1997年，Borcherdt等基于暴露在地震区划地面加速度水平超过0.1g的区域人口数据，定义了美国国家地震灾害图，其中假定人口地理分布与现有建筑结构地理分布近似。美国国家现代地震监测系统（ANSS）基于区域网络权重对该方法进行了必要的调整，规定每100km^{2}范围内的建筑结构数量正比于峰值加速度大于0.1g区域的总人口数，并生成了300个30通道结构台阵的地理分布。

第二种方法是根据年平均地震损失确定布设台阵数量。2001年，美国联邦紧急事务管理局FEMA（Federal Emergency Management Agency）开发了一种基于HAZUS的年均地震损失估计方法，该方法将最新的地震危险性分析用于估计年均地震损失及现有结构易损性。考虑到各类工程结构在强烈地震中有可能发生破坏，因此地震损失地理分布为结构强震观测台阵的空间分布提供了一个定量依据。年均地震损失估计基于建筑结构分布得到，比采用人口密度的估计方法更为精确，美国FEMA曾给出了美国每个州需要布设结构强震观测台阵的数量计算建议公式。实际大部分情况下，建筑结构强震观测台阵布设的选择与确定还需要依赖于经济条件和资金来源。

在选择布设结构强震观测台阵时，以下因素可作为选择建筑结构的主要参考依据：①结构本身特征参数，如建筑材料、结构体系、几何形状和使用寿命等；②建筑场地相关参数，如结构附近有无较大地震的活动断层，可能在未来发生地震且对结构会产生影响；③建筑结构附近的断层未来30年内发生大地震（$M=6.5$或7.0）概率，主要希望建筑结构在使用年限内能够大概率获得有意义的地震反应数据。一般来说，大多数建筑结构观测台阵都布设在未来一定时间内发生地震的概率比较高且人口密度比较大的区域里，并且是安装在比较重要的结构上（COSMOS，2001）。

对于我国建筑结构地震反应观测台阵总体规划而言，建议发展地震年损失率评估方法，预测不同区域在未来大震中的人员伤亡和经济损失情况，优先选取地震危险性较高且潜在地震年损失率较大的区域，同时兼顾人口密度、经济发展、建筑结构代表性及重要性等因素。

基于以上规划，对于选择建筑物布设强震观测台阵的原则还应该考虑以下几个因素和细节：①建筑物数量和重要性，优先考虑选择量大面广、代表性建筑物，而不是给定区域中建筑类型简单抽样；②优先选择公共建筑物，如商场、酒店、医院、学校等重要公共建筑物；③重要或特殊建筑结构，如核电站相关结构、超高高层结构、大跨结构等；④结构基础资料完整性，对于布设台阵的建筑结构，应有完整的结构设计、场地信息、背景历史地震等详细资料。对于如何选择哪些地震高危险区域开展工程结构强震观测，或在多少工程结构上布设观测台阵，不在本文讨论范围。

2.3.2　单体建筑结构观测台阵布设

1. 建筑结构观测台阵一般布设原则

在建筑结构上布设强震观测台阵，关于布设强震仪器数量、测点位置需根据具体结构情况具体分析和安排，既要考虑结构监测完整性，还要考虑布设台阵经济性。一般来讲，一个建筑结构强震观测台阵主要由传感器系统、数据采集系统、数据传输系统及数据分析系统四大部分组成。传感器系统包括设置的加速度计、应变计等观测仪器，用于观测结构地震反应，采集系统的作用是记录和存储结构地震反应数据，传输系统则将采集到的结构地震反应数据向外部传送，提供给研究或工程应用，数据分析系统则对结构地震反应记录进一步分析，给出客户需要的各种服务产品，如结构各类参数及其变化情况、结构损伤状态等等信息。前三个系统是一个结构强震观测台阵必不可少的内容，第四个系统则属于结构地震反应记录的应用范畴，如利用结构强震观测台阵进行结构健康诊断、损伤识别与评估等。四大系统中，传感器系统是最前端的基础系统，主要针对被观测工程结构特征以及需要观测的结构参数或预设的台阵观测功能，合理选择和优化传感器类型、传感器数量、传感器布设测点位置等，目前最为常用的是加速度计类型的强震仪，本文主要对建筑结构强震观测台阵的测点设置进行介绍和论述。

一般来讲，一个建筑结构强震观测台阵布设的测点往往较少，合理的设计和优化观测位置可以保证在有限的资源条件下，最大限度、完整的获取结构地震反应记录。一般的做法是首先对结构进行环境振动测试或有限元建模分析，确定结构各阶模态振型，因为结构地震反应受前几阶振型影响较大，因此选择对前几阶振型进行观测。除了在结构底层和顶层设置仪器测点观测第一振型反应外，中间层测点位置选取则依据各阶振型形状，选择在振型幅值最大处布设仪器，这样可以观测和记录到结构高阶振型地震反应。在选择测点布设位置时，还要兼顾结构本身特点属性，如对于大型复杂结构或不对称结构，应考虑在结构两侧设置测点，以监测结构的扭转反应。结构薄弱层位置、刚度突变位置等也应尽量设置观测仪器，以观测这些容易破坏位置的结构地震反应。除此以外，建筑结构附近也应设置自由场地观测点，以实现对建筑物所在场地的强地面运动观测。以上只是一般的结构强震观测台阵测点设置，对于有其他观测需求的结构地震监测台阵，如土-结构相互作用台阵、隔震结构观测台阵等，则需要根据观测需求和实际结构情况，具体分析和设置观测仪器类型和测点位置。

2. 美国建筑结构观测台阵

更为一般情况是，国家有关部门或组织会直接制定建筑结构强震观测标准或指南，用于规范、指导观测仪器的布设数量及测点位置等内容，如美国南加州强震观测计划 CSMIP (1985) 曾给出除了在结构底层和顶层布设外，中间楼层的选取建议：对于 3 层及以下建筑物，在每层都布设测点；4 到 7 层建筑物，需要布设两个中间层；8 层及以上建筑物，至少需要在两个中间层、另加刚度不连续的楼层布设。

美国统一建筑规范 UBC（Uniform Building Code，UBC 97 及以前版本）曾建议，对于位于区划图地震带 3 和 4 的建筑结构而言，超过 6 层且面积在 60000ft^2 以上每一栋建筑物上，至少要布设 3 个加速度计，对于超过 10 层的建筑物，无论建筑面积多大，都需要布设强震仪。UBC 这种测点布设要求，其主要目的是实现地震监测功能，而不是针对分析整个结构地震反应模式和特征。1971 年 San Fernando 地震之后，这种测点布设要求被进一步缩减，满足上述条件的建筑结构，在屋顶或顶层布设一个三分量加速度计（COSMOS，2001）。

后来，美国土木工程协会认为 UBC 推荐的结构强震观测仪器布设方案过于简单，他们希望在结构上可以设置更多观测仪器测点，以对结构进行更为完整的监测和观测，并得到更多反应数据进行结构地震反应及结构特性分析。特别是从过去地震实际经验来看，UBC 推荐在建筑物布设 3 个三分量加速度计的最低准则对于分析和验证结构（尤其高层结构）振动特性及分析结构模态参数还不充分。他们指出，高层建筑结构地震响应主要由三组模态（两个平动和一个扭转）中每一组的前四阶模态来描述，因此至少需要布设 12 个加速度计来分析和确定这些模态，所以需要增加额外的强震观测仪器实现对高层建筑的完整观测。

美国不同类型建筑结构或特殊建筑结构地震监测系统的布设参考方案如图 2.3 - 1 所示（COSMOS，2001；Celebi，2005）。

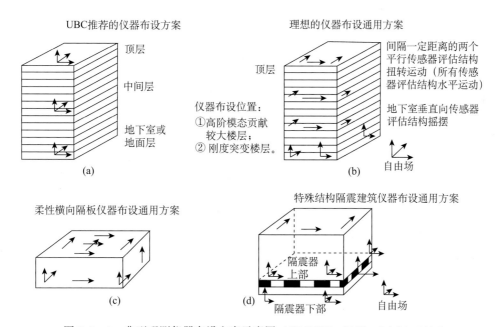

图 2.3 - 1　典型观测仪器布设方案示意图（COSMOS，2001；Celebi，2005）

例如美国加利福尼亚州阿罕布拉（Alhambra）市的一栋 12 层建筑，在 1987 年 Whittier Narrows 地震前布设了强震观测台阵，如图 2.3 - 2a 所示，只在结构布设了三个测点，分别监测结构基础、第 6 层和第 12 层等三个位置的三个方向地震反应。后来，对该观测台阵进行了升级改造，在2层增设了观测测点，同时改变了部分测点的观测方向，还设置了建筑物附近自由场地强地面运动观测点，如图2.3-2b所示。由图分析可知，尽管只在结构中增加了3个通道，但测点位置和测量方向改造之后的观测台阵布设更为合理，可以更为完整地观测和记录结构地震反应。所得地震反应记录除了可以分析更高阶振型地震反应外，在楼板刚性假定条件下还可以分析结构的扭转地震反应，此外增加的自由场地地面运动观测点也可以对比和分析结构的输入地震动情况。

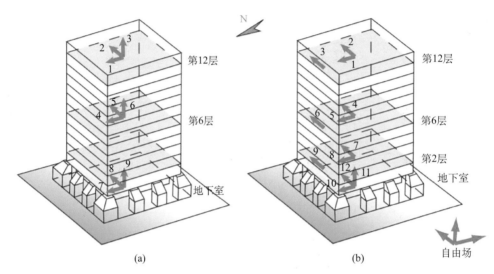

图 2.3-2　加州阿罕布拉市大厦强震仪的布设（COSMOS，2001）
(a) 改造前测点布设；(b) 改造后测点布设

　　针对建筑结构尤其是高层建筑结构地震反应观测台阵布设，美国COSMOS曾给出了非常详细的十条说明和指导意见（COSMOS，2016），供建筑结构强震台阵布设与建设参考，具体如下所示：

　　(1) 如果需要测量从地下室到顶层每一层的水平运动和扭转运动，则每层需要至少3台独立的单轴水平加速度计。其中两个需要放置在平行的两面外墙附近，并且离建筑物的中心越远越好，从而可以最好地得到建筑的扭转振动反应。这两台加速度计最好能够放置在墙体的相同比率的位置，如都放置在墙的中间位置，同时应该让两个加速度计记录的方向相同，将轴心调整到同一方向。第三台加速度计需要放置在楼层的中心位置，并且轴心方向与另外两个放置在边墙的加速度计垂直，这样就可以测量和记录楼层两个方向的水平运动。

　　(2) 要考虑和监测建筑结构的摇摆晃动，尤其是软土地基上的建筑物。为了判定建筑物的晃动对层间位移的影响，至少需要在平行的两面外墙放置两台垂直方向的加速度计，如果要获得所有方向的振动，则需要在结构另一方向两面外墙中的一面附近放置第三台加速度计。

　　(3) 为了更好地解释和分析地震反应记录，不同楼层的加速度计应该布设于同一垂线位置，也就是说，每个楼层的加速度计的布设位置需要在相同的相对位置上，这样就可以测得建筑结构相同位置的地震反应。

（4）如果建筑物屋顶处有不一致的建筑构造物或是大型机械设备，则需要在其附近额外增设加速度计测点。

（5）建筑物附近要设置强地面运动观测测点，地面测点最好选在有宏观标志的地方，便于将地震动观测数据与强震宏观破坏现象进行对比。

（6）一个建筑结构台阵加速度计的总数要根据结构层数确定，需要的最小数量和推荐数量如表 2.3-1 所示。例如，一栋 34 层的建筑物，最少需要有 24 台单分量加速度计，推荐使用 30 台单分量加速度计。总体来说，中间楼层的选择应该选择那些刚度或质量突变的楼层、对结构体系有补偿的楼层或者是创新性的结构体系。如果没有这样的楼层或结构体系，中间层加速度计的分布应该在结构高度方向均匀分布。对于某一楼层而言，需要在相邻的上下楼层布设加速度计，从而能够测量或计算该楼层的层间位移反应。在有重要非结构构件或设备的位置，需要在结构跨中区域增加一台垂直方向加速度计，并在设备周边柱子附近再增加一台。

表 2.3-1 COSMOS 建议的建筑结构观测台阵加速度计数量

建筑结构层数	最小观测仪器数量	推荐观测仪器数量
6~10	12	15
11~20	15	19
21~30	21	26
31~50	24	30
>50	30	38

（7）加速度计通常而言对于强震观测是最有效的，但是其他类型观测仪器设备，如位移传感器、应变片等，在某些情况下也可以布设，以更完整的监测结构各类地震反应参数。

（8）为了工作和处理便利，中央记录器一般需要设置在有交流电的结构底层位置，与中央记录器通讯和数据传输非常重要，通讯线路至少包括一根电话线或者最好设置以太网端口。

（9）从每个加速度计到记录器的线缆必须保证能够持续的运行并且符合鲁棒性要求，这不是仅仅依靠一栋建筑物的内部网络就能实现的，需要一条连接布置在结构上层的加速度计和记录器之间的专用垂直线路。如果记录器超过一台，则需要一根专门的线缆保证触发时间同步。线缆需要根据当地的法规和消防规范进行配置和布设，每一个加速度计和记录器附近必须配有明显的标志。

（10）建筑结构强震观测台阵的维护和服务，由经过建筑部门批准的建筑拥有者负责，其他一些经验丰富的专业公司或机构，如 CSMIP 和 NSMP，也同样需要参与到监控和维护中，结构地震观测台阵获取的各类数据需要根据要求提交给建筑建设等相关部门。

3. 我国建筑结构观测台阵

对我国工程结构地震监测法规及标准而言，2016 年颁布的地震行业标准《强震动观测技术规程》（DB/T 64—2016）和2018年颁布的《地震台站建设规范 强震动台站》（DB/T 17—2018）均未对建筑结构强震动观测台阵布设进行详细规定和说明。2016年，广东省地方标准《重要建设工程强震动监测台阵技术规范》（DB44/T 1848—2016）颁布，主要对重要建设工程强震动监测台阵适用范围、设计与布设、监测系统组成与技术要求、监测系统的测试、安装与验收、监测系统的管理与维护、监测记录存储与处理、监测记录分析与工程结构抗震性能评价等技术要求进行了详细规定。该标准主要适用于特大桥梁、大型水库大坝、超高层建（构）筑物和大跨屋盖建筑等重要工程的强震动监测台阵建设。

2018年，北京市地方标准《建筑结构强震动观测技术规范》（DB11/T 1585—2018）颁布，对建筑结构强震动观测台阵的适用范围、设计要求、建设要求、观测要求等进行了详细规定，特别对结构通用台阵和专用台阵测点布设进行了说明和要求。对于通用建筑结构观测台阵而言，要求主要包括：①在结构底层或地面层、中间层和顶层应各布设不少于1处结构观测点，中间层应每隔5~10层至少布置一处观测点；②在结构刚度突变处至少设置1处观测点；③能够获得完整的结构地震响应，可根据结构对称性确定观测点位置；④水平加速度传感器沿靠近结构形心的竖向轴大致等间隔布设，以观测结构平动，正交的水平向加速度传感器布设于结构的翼端，以观测结构扭转振动。另外，对于通用建筑结构地震反应观测台阵，还要求设置自由场地观测点。除此以外，《建筑结构强震动观测技术规范》（DB11/T 1585—2018）还规定了土-结构相互作用观测台阵、层间位移观测台阵及基础（层间）隔震结构观测台阵等专业观测台阵建设相关要求。

北京市地方标准《建筑结构强震动观测技术规范》（DB11/T 1585—2018）推荐的结构通用观测台阵、层间位移观测台阵、土-结构相互作用观测台阵以及基础隔震结构台阵等几种典型的结构台阵布设方案，分别如图2.3-3至图2.3-6所示。

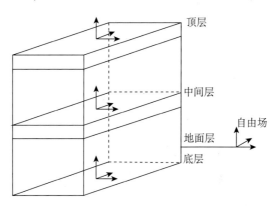

图2.3-3 结构强震动通用观测台阵测点布设

值得一提的是，随着建筑结构地震反应观测的发展，对结构强震观测需求越来越精细、功能要求越来越多、越来越丰富。对于实现其他观测目的的结构强震观测台阵，台阵布设需要单独设计和考量，如土-结构相互作用台阵、减隔震结构观测、特殊部位监测、特定结构构件及非结构构件监测、健康监测功能台阵等等。针对这类特殊目的的建筑结构地震反应观测，都需要根据被观测结构的详细情况及要求实现的观测功能目标，具体设计和布设强震观测台阵，合理选择仪器类型、优化仪器数量和仪器测点位置，保证特定观测功能的实现。

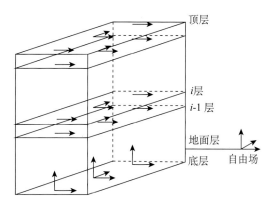

图 2.3－4　层间位移观测台阵测点布设

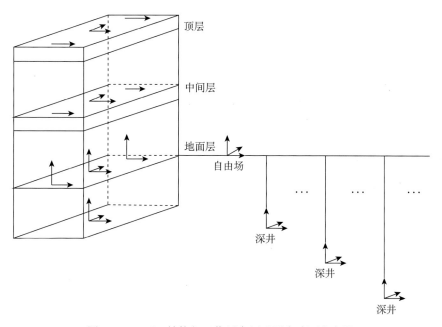

图 2.3－5　土-结构相互作用专用观测台阵测点布设

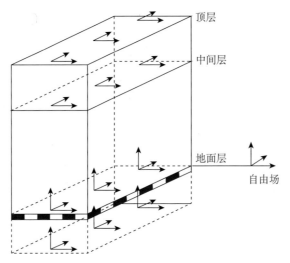

图 2.3 - 6　基础（层间）隔震专用观测台阵测点布设

2.4　典型结构强震观测台阵

建筑结构地震反应观测台阵功能，一般都尽量设计为满足多种观测需求，并尽可能完整的监测整个结构地震反应。除了一般通用建筑结构地震反应观测台阵外，本文有选择性地介绍了美国、日本和我国几个典型结构强震观测台阵，展示了具有不同功能的结构强震观测台阵布设情况，使读者对结构强震观测台阵布设有更为直观的了解。本文后面章节在介绍结构强震观测记录处理方法及具体应用时，也尽量采用了不同的结构强震观测台阵实例，也是出于此目的。

2.4.1　基础隔震建筑结构观测台阵

建筑结构基础隔震技术主要通过设置橡胶支座、各类阻尼器等装置，来减小地震中上部结构的地震反应，保护主体建筑在地震中不遭受地震破坏。为了分析、评价与量化隔震设施的减隔震效果，或评估隔震设备的抗震及力学性能，可以在隔震层上下布置监测仪器测点，一旦在地震中获得地震反应记录，便可以分析和对比隔震层上下两层地震反应，结合分析整个建筑结构其他楼层的地震反应，从而科学地评价隔震设备性能及整体结构的隔震效果，为未来设计隔震结构提供可靠依据和参考。

以美国盐湖城某隔震建筑结构（Salt Lake City and County Building）强震观测台阵为例进行隔震结构观测台阵说明，该建筑结构如图 2.4 - 1a 所示。从图中可知，该建筑结构比较特殊，一是设置了基础隔震层，二是 5 层顶部有一高耸塔体结构。为评价结构隔震效果，该结构在当地政府资助下布设了强震观测台阵，如图 2.4 - 1b 所示，观测台阵主要在地下室、地面 1 层、第 5 层和高耸塔体顶部布设了测点（COSMOS，2001）。该建筑结构台阵设计基本可以监测整个建筑的地震反应情况，如通过地下室隔震层上、下三个方向的地震反应对比，可以分析隔震层减震效果，评价隔震设备性能及整体结构抗震性能。通过分析建筑两端的地震反应，可以确定结构扭转地震反应情况，而通过对塔体顶部测点的地震反应分析，可以确定结构上下刚度相差较大的两个部分地震反应差异。通过塔体顶部的测点，也可以分析塔体的扭转地震反应情况。另外，在该建筑结构附近，还设置了自由场地强地面运动观测点，可以确定与观测强地面运动情况。该结构观测台阵是一个典型的建筑结构综合强震观测系统，一旦附近区域发生大地震，观测台阵可以完整地记录到结构的地震反应。

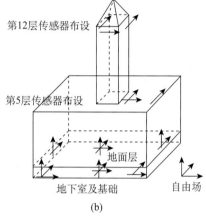

(a)　　　　　　　　　　　　　　　(b)

图 2.4 - 1　美国盐湖城基础隔震建筑强震观测台阵布设（COSMOS，2001）

(a) 美国 Salt Lake City and County Building；(b) 测点布设示意图

目前我国也建设了多个基础隔震结构的强震观测台阵，如北京市防震减灾中心主楼 8 层框架-剪力墙结构、云南省抗震培训中心 7 层基础隔震框架结构、福建省防震减灾中心 11 层框架-剪力墙结构，等等。以北京市防震减灾中心主楼为例，该结构为采用基础隔震的框架-剪力墙结构，地上 8 层，地下 2 层，建筑总高度为 33.0m，隔震装置主要采用橡胶支座。该结构在地下室顶板梁柱之间共设置了 37 个橡胶支座，包括铅芯橡胶支座 17 个，普通橡胶支座 20 个。

王飞等（2015）在对该建筑结构开展环境振动测试基础上，确定了结构地震反应观测台阵的建设方案并进行了地震反应观测台阵布设。观测台阵共设置了 11 个结构观测点，1 个井下观测点，观测井深度 100m，每个测点布设了 3 分量 MEMS 型力平衡式加速度计，具体测点布置如图 2.4-2 所示。这是我国建成的首个设置深井观测点的隔震结构地震反应观测台阵，台阵建成运行后，曾记录到了结构在多次地震中的地震反应，为研究基础隔震结构地震反应特征提供了分析资料。另外，本观测台阵设置了井下观测测点，也可以开展隔震建筑结构的土-结构相互作用问题研究。

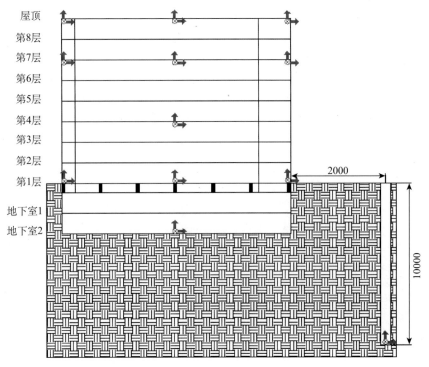

图 2.4 - 2　加速度计位置示意图（单位：cm；王飞等，2015）

2.4.2　土-结构相互作用观测台阵

一般结构抗震设计中，上部结构和地基是单独设计的，在设计中做了很多假定，如刚性地基假定，但实际中上部结构是通过基础和地基联系在一起的，在地震等动荷载作用下会产生相互影响，这就是土-结构相互作用（Soil-Structure Interaction），主要体现在地基基础对上部结构动力特性影响以及上部结构对底部输入地震动影响两个方面。随着抗震设计发展和要求，在建筑结构抗震设计中，尤其是重要工程抗震设计中，需要考虑这种相互作用，以保证结构具有更好的抗震性能。此项工作必须首先要弄清土-结构相互作用机理，土-结构相互作用观测台阵就是为这一目的而设立的。通过土-结构相互作用台阵的观测记录，可以分析地震波穿过土层介质传播过程中地震动的变化、建筑物基础与附近自由场地地震动的差异以及建筑结构的地震响应特点等内容，从而确定土与结构之间的相互作用机制及规律，为结构抗震设计提供参考和依据。

以日本建筑研究所 BRI（Building Research Institute）某 8 层建筑物为例简要说明土-结构相互作用观测台阵布设情况。该建筑为日本建筑研究所在 1998 年建设的城市防灾减灾研究中心，作为日本建筑研究所主楼附属建筑物，钢筋混凝土结构，共 8 层，1 层地下室，筏型基础，整个建筑面积约为 5000m²。该建筑结构是后期新建设的，与老的 BRI 主楼建筑结构通过走廊连接，但在结构设计上是分离和独立的。

为了从地震反应角度研究土-结构相互作用，日本建筑研究所在该建筑及附近场地布设了强震观测系统。包括建筑物场地、老主楼建筑、新建建筑，整套观测系统由 22 个 3 分量加速度计组成,具体测点分布情况如下:新建建筑上设置 11 个测点合计 33 个通道,用于观测结构地震反应,其中在地下室和第 8 层分别设置了 3 个测点,用于研究和分析结构扭转反应;建筑周边场地上设置 7 个测点合计 21 个通道,用于观测不同深度土层及不同距离处的场地地震动,自由地表测点分别设置在距离建筑物 20、50 和 100m 处,在距离建筑物 20m 远处设置井下观测测点,以观测不同深度土层的地震反应,井下最深测点为 89m;在老的主楼建筑上设置 4 个测点合计 12 个通道。整个强震观测系统测点布置如图 2.4-3 所示,图中只给出了新建建筑及附近场地和井下测点分布情况。另外,为了监测整个结构在地震中的扭转反应情况,在新建建筑物地下室和第 8 层两端和另一侧中心位置,设置了 3 个仪器测点,如图 2.4-4 所示(Kashima et al., 2001;Kashima, 2002)。

这是一个非常典型的土-结构相互作用专用强震观测台阵系统,由于日本是一个地震多发的国家,该结构强震观测台阵系统建成后,曾在多次地震中获得了结构地震反应记录及场地不同深度土层反应记录,为研究结构地震反应特征、场地地震反应特征以及土-结构相互作用等提供了大量地震反应观测数据资料。

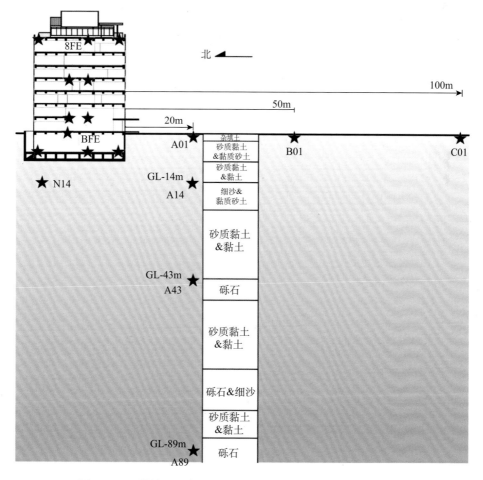

图 2.4-3 结构、地表及井下测点分布示意图 (Kashima, 2002)

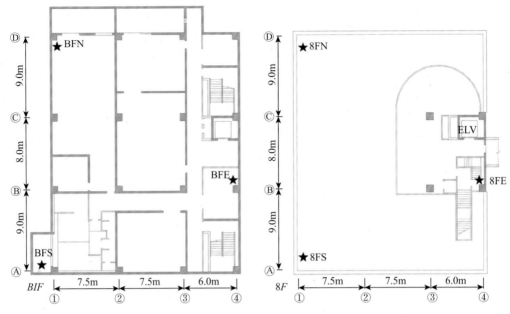

图 2.4 - 4　地下室和第 8 层测点分布图（Kashima，2002）

2.4.3　层间相对位移观测台阵

地震中结构最大层间位移角，是判断结构地震损伤状态的一个重要参数和指标，一般情况下，人们很难观测和得到地震中结构的层间相对位移反应参数。通过在建筑结构上布设强震观测仪器，可以实现和满足这一目标和需求，如可以通过在建筑结构相邻上下层分别设置强震仪器，观测结构相邻层的地震反应，进一步可以分析结构层间位移地震反应，并进一步求出最大层间位移角。这种观测测点可以设置在结构薄弱层、刚度突变层或结构潜在最大层间位移层等位置，以观测这些位置的结构层间位移及层间位移角，结果可以用来评估结构震后损伤状态，鉴定结构震后安全状况。

美国阿拉斯加州 Anchorage 市 Atwood 大厦的结构地震反应监测台阵，便是一个典型的层间位移观测台阵，如图 2.4 - 5 所示，该地震反应监测台阵由 28 个测点（53 个通道）组成，其中 21 个测点（32 个通道）用于观测结构地震反应，7 个测点（21 个通道）用于观测建筑结构附近场地地表和地下土层（井下）地震反应。通过布设在结构上的观测测点，除了可以监测地震中结构的水平、竖向和扭转反应外，还可以通过布设在 1~2 层（图中 Street level 和第 2 层之间）、7~8 层、13~14 层、19~20 层、20 屋顶的相邻层测点记录，分别实现对结构第 1 层、第 7 层、第 13 层、第 19 层及第 20 层（顶层）的层间位移地震反应监测。场地及土层观测台阵设置在距离该建筑结构约 500m 外，除了自由地表测点外，根据场地土层特性设置了不同深度的井下观测仪器，以观测不同深度土层的地震动。该结构观测台阵同时也是一个较为典型土-结构相互作用台阵，所得结构地震反应、场地地震反应等观测资料也可以应用于土-结构相互作用研究（Celebi，2006）。

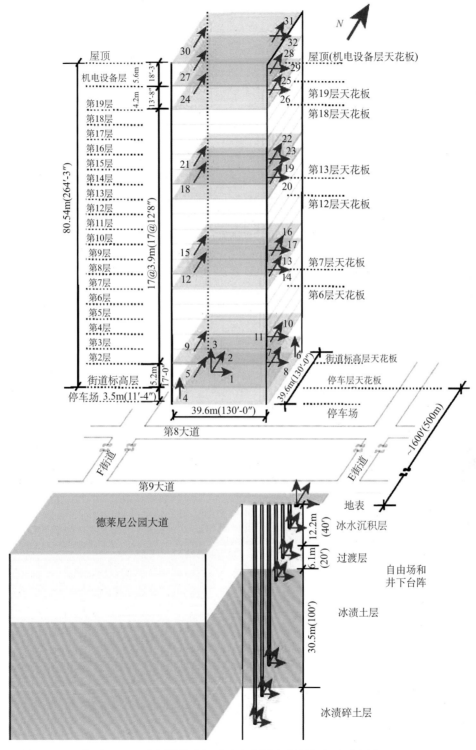

图 2.4-5 美国 Atwood 大厦结构和场地响应监测台阵测点布置示意图（Celebi，2006）

2.4.4　特殊功能观测台阵

建筑结构强震观测中，最一般情况下布设的观测仪器为加速度传感器，只能记录到结构在地震中的加速度反应，如果要得到结构位移等反应参数，则需要对加速度记录进行积分运算处理。某些建筑结构为了监测一些特殊要求的观测量或地震反应参数，除了设置加速度传感器之外，还可以设置其他类型的观测仪器，对建筑结构进行多种地震反应参数的观测，以满足研究和分析的需要。

美国加利福尼亚州旧金山市一栋34层建筑结构的观测台阵，就属于一种特殊的结构强震观测台阵，如图 2.4 - 6 所示。该建筑结构台阵布设方案为在结构屋顶两个斜对角位置，分别设置了与计算机实时通讯的加速度计和 GPS 装置。这应该是第一个使用 GPS 进行建筑结构长久动力特性监测的地震观测系统，其目的一是用来研究结构位移反应实时监测的可行性，二是对比和验证由加速度时程通过二次积分得到位移时程准确性和可靠性（Celebi，2001）。

该建筑结构地震反应观测台阵为监测结构在长期使用过程中发生的变形情况，或者在地震中发生的位移反应，提供了很好的观测台阵布设范例。

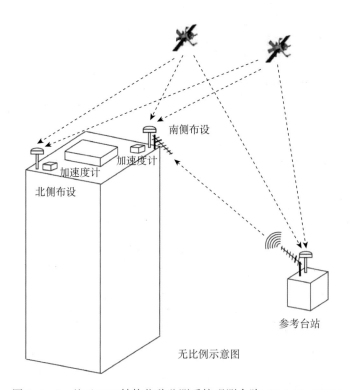

图 2.4 - 6　基于 GPS 结构位移监测系统观测台阵（Celebi，2001）

2.5　小结

本章简要介绍了强震观测仪器发展历史，总结了布设台阵的建筑结构选取和强震观测系统中观测仪器的布设原则，给出了几个不同用途和功能的典型建筑结构地震反应观测台阵。这些内容可以为我国建设建筑结构地震观测台阵和发展结构强震观测技术提供参考。

参 考 文 献

段向胜、周锡元，2010，土木工程监测与健康诊断原理、方法及工程实例，北京：中国建筑工业出版社

高光伊、于海英、李山有，2001，中国大陆强震动观测，世界地震工程，17（4）：13～18

王飞、刘英华、任志林等，2015，北京市防震减灾中心结构地震反应观测及振动特性识别，震灾防御技术，10（3）：539～546

谢礼立、彭克中，1984，强震动观测的数字纪元，国际地震动态，7：4～8

于海英、周宝峰、王家行等，2017，强震动观测仪器面临的机遇和挑战，震灾防御技术，1：68～77

DB/T 17—2018　地震台站建设规范　强震动台站

DB/T 64—2016　强震动观测技术规程

DB11/T 1585—2018　建筑结构强震动观测技术规范

DB44/T 1848—2016　重要建设工程强震动监测台阵技术规范

Celebi M，2001，Current Practice and Guidelines for USGS Instrumentation of Buildings Including Federal Buildings，Prepared for COSMOS Workshop on Structural Instrumentation，Emeryville，Ca. Nov. 14-15

Celebi M，2005，Structural Monitoring Arrays-Past，Present and Future，In：Gülkan P，Anderson J G，Directions in Strong Motion Instrumentation，Nato Science Series：Ⅳ：Earth and Environmental Sciences，Vol. 58，Springer，Dordrecht

Celebi M，2006，Recorded Earthquake Responses from the Integrated Seismic Monitoring Network of the Atwood Building，Anchorage，Alaska，Earthquake Spectra，22（4）：847-864

COSMOS，2001，Invited Workshop on Strong-Motion Instrumentation of Buildings，COSMOS Publication No. CP-2001/04

COSMOS，2016，Guidelines and General Considerations for Strong-Motion Instrumentation of Tall Buildings

CSMIP，1985，Recommended Building Strong Motion Instrumentation Criteria for the California Strong Motion Instrumentation Program，Prepared by the Building Instrumentation Subcommittee of the California Strong Motion Instrumentation Program for the California Seismic Safety Commission

Kashima T，2000，Strong Earthquake Motion Observation in Japan，Available at：http：//iisee. kenken. go. jp/staff/kashima/soa2000/soa. htm

Kashima T，2002，Earthquake Motion Observation and SSI Characteristics of an 8-Story Building in BRI，https：//iisee. kenken. go. jp/staff/kashima

Kashima T，Okawa I，Koyama S，2001，Earthquake Motion Observation in and around 8-Story SRC Building，In：Erdik M，Celebi M，Mihailov V，Apaydin N，(eds) Strong Motion Instrumentation for Civil Engineering Structures，NATO Science Series (Series E：Applied Sciences)，Vol. 373，Springer，Dordrecht

Trifunac M D，2009，75th Anniversary of Strong Motion Observation -- A Historical Review，Soil Dynamics and Earthquake Engineering，29：591-606

第三章 结构强震观测记录处理方法

3.1 引言

建筑结构强震观测台阵一般布设加速度计，获取的结构反应记录类型与强地面运动观测记录相同，得到的是加速度记录，不同之处是，结构强震观测台阵得到是结构地震反应加速度记录，反映了结构地震反应与振动特性。如果要得到结构其他地震反应信息或结构参数，需要对结构强震记录进行进一步分析与处理。本章主要介绍了几种常见的建筑结构强震观测记录处理方法，并给出具体分析实例。

3.2 结构强震记录常规处理

和强地面运动观测记录相同，结构地震反应观测获取的地震反应一般为加速度反应时程记录，这些原始的加速度记录需要进行一些必要的处理和校正后，才能进一步开展工程应用。加速度记录常规处理内容主要包括零基线调整、仪器误差校正、滤波去噪、速度和位移时程以及反应谱计算等。一般情况下，经过零基线调整和仪器误差校正处理后的加速度记录，可以采用数值积分运算得到结构速度和位移反应时程，这一点与强地面运动记录的处理是相同的。

3.2.1 结构强震记录滤波

在结构地震反应观测和记录过程中，由于测量仪器精度限制、测量仪器误差存在以及周围环境噪声的干扰，人们很难得到与实际情况完全相符的地震反应记录。结构强震观测记录常规处理的目的就是减小甚至消除这些因素的影响，使得到的记录信号最大限度地反映结构地震反应特征。强震观测数据由结构振动信息与噪声两部分组成，因此结构强震记录常规处理主要任务是从观测记录信号中分离结构振动反应信号与噪声信号，压制甚至消除噪声，最大程度地提高观测反应记录信号的信噪比，特别是减小噪声在由加速度积分得到速度和位移过程中对速度与位移时程的不良影响。

结构加速度反应记录常规处理一般包括数字滤波和积分得到速度及位移反应数据，因此数字滤波器是该过程中最常用的分析工具。通过滤波处理主要起到滤除反应记录信号中的噪声或虚假成分、提高信噪比、突出信号、平滑分析数据、抑制干扰信号和分离频率分量等作用。地震工程领域，对于结构强震观测记录一般采用频域滤波，即对加速度时程进行傅里叶变换，滤除不需要的频率成分后，再进行傅里叶逆变换得到期望的结构地震反应时程。消除高频（短周期）成分的滤波称为低通滤波或高切滤波器，消除低频（长周期）成分的滤波称为高通或低切滤波器，允许一定频段的信号通过，抑制低于或高于该频段干扰和噪声的滤波称为带通滤波器。图 3.2-1 展示了理想的低通、高通和带通滤波器频响函数，图中 ω_L 和 ω_H 分别表示低通截止频率和高通截止频率。完全理想的滤波器在通带内响应为 1，通带以外响应为 0，实际上这种完全理想的滤波器是不存在的。

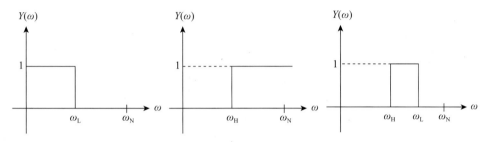

图 3.2-1 理想低通、高通和带通滤波器传递函数

以低通滤波器为例，如图 3.2-2 所示，频域信号进入滤波器后，部分频率可以通过，部分则受阻挡，可以通过滤波器的频率范围称为通带，受到阻挡或被衰减成很小的频率范围称为阻带，通带与阻带的交界点称为截止频率。由于滤波器物理上难以实现频率响应由一个频带到另一个频带的突变，因此，往往在通带与阻带之间留有一个由通带逐渐变化到阻带的频率范围，这个频率范围通常称为过渡带。实际滤波器幅频特性的通带和阻带之间没有明显的界限，通带与阻带内的频响迹线也总存在一定的通带波动与阻带波动，如图 3.2-2 所示。因此，对于希望保留的频率范围，要求滤波器的频响函数接近 1，而对于希望消除的频率范围，则要求频响函数接近 0。

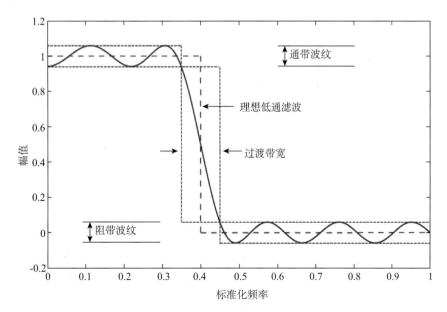

图 3.2-2 低通滤波频响函数（Losada et al., 2008）

　　数字滤波器结构与设计是数字信号处理分析中非常重要的一项内容，地震工程领域对于数字滤波器选择的范围比较广。例如可以采用 Bessel、Chebychev、Butterworth（Converse & Brandy，1992）、Ormsby（Trifunac & Lee，1973）等滤波器用于强震加速度记录的滤波处理，其中 Butterworth 滤波器具有最平坦的带通幅值响应，是地震工程领域强地面运动记录和结构地震反应记录进行滤波处理最为常用的滤波器。以滤除低频成分的高通 Butterworth 滤波为例，其基本滤波原理如图 3.2 – 3 所示，当滤波器的高通截止频率选择 0.05Hz 时，地震反应信号中周期高于 20s 的频率成分将被滤掉。图中 3 条不同的曲线代表了滤波器不同的阶数，阶数越高，曲线滚降的速度越快，快速的滚降会导致激振效应（ring effect），这是强震动数据处理中不希望看到的（Kanasewich，1981），因此，滤波器阶数一般取 2 或 4，不宜取过高的阶数。

　　对强地面运动记录和结构地震反应记录分析处理中，最为常用的降低噪音滤波就是在信号合适的高低频之间进行带通滤波，可以有效降低和削弱低频噪声和高频噪声。带通滤波中，截止频率通常根据实际问题需要而具体分析和设定，如低通截止频率通常取到工程结构上感兴趣的最高频率 40Hz 左右，早期的模拟记录由于采样频率等限制，其有效带宽更窄，一般高频到 25Hz 左右（Trifunac & Lee，1973），而高通截止频率的选择则一般需要满足由加速度积分到速度和位移时程不出现明显的基线漂移现象为准。一般早期的模拟信号强震记录，高通截止频率值稍大，一般在 0.1Hz 左右，而低通截止频率一般选在 25Hz 左右。对于现代数字信号强震动记录而言，高通截止频率一般可以选择 0.02 ~ 0.05Hz 左右，低通截止频率一般根据地震动或结构地震反应信号的采样频率，选择采样频率一半数值的 80%，即如果强震动记录的采样频率为 100Hz，则低通截止频率可以选择 40Hz，如果采样频率为 200Hz，则可以选择 80Hz 作为低通截止频率。目前无论是强地面运动观测还是结构地震反应观测，常用的采样频率为 200Hz，所以低通截止频率一般取为 80Hz 即可。

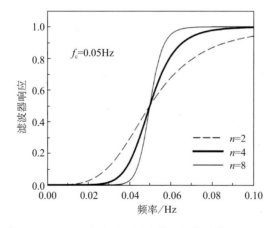

图 3.2 – 3　高通 Butterworth 滤波器不同阶数下频率响应（Kanasewich，1981）

　　滤波器从因果性上分类，主要可分为因果与非因果滤波。对于滤波器因果性的选择而言，美国 USGS 使用了双向 Butterworth 非因果滤波器，PEER（The Pacific Earthquake Engineering Research Center）使用了因果低切滤波器，COSMOS 采用了因果与非因果 Butterworth 滤波器相结合的形式，CSMIP 使用了 Butterworth 4 阶非因果滤波器（Bommer & Boore，2005；Mollova & Scherbaum，2007）。不难发现，关于因果与非因果滤波器的选择和使用，也一直是地震工程领域强震动观测数据处理中的研究热点。

　　需要注意的是，在对结构地震反应记录数据进行滤波分析时，需要特别考虑和注意结构的自振频率特性，应该避免滤除与结构基本振动周期及主要振型对应周期附近的频率成分，即滤波的有效频带应该包括结构的主要模态振型对应的频率，高通及低通截止频率都要远离这些频率点，以避免把结构地震反应信号中反映结构振动特性的振动信号成分滤掉。结构地震反应记录滤波处理算例，本文将在下一节地震反应记录的积分运算中具体介绍。

3.2.2　结构强震记录积分运算

　　强震观测仪一般采用加速度计类型传感器，因此，由其观测得到的结构地震反应通常为加速度反应，有时人们为了更为全面地研究和分析结构地震反应特征，需要了解结构的速度及位移地震反应情况，如结构层间位移地震监测台阵，就需要根据结构上下两层的加速度反应记录，积分二次得到位移反应时程，然后分析结构层间位移反应的大小及特征。

　　理论上根据物理学基本知识可知，由加速度求得速度及位移，需要由加速度对时间进行积分运算，即加速度对时间积分一次得到速度，而由速度对时间再积分一次得到位移，反之也可以对位移通过微分运算分别求得速度和加速度。由于强地面运动及结构地震反应加速度记录不能表达为连续函数的形式，因此一般采用数值积分方法。由加速度对时间积分得到速度和位移时程的数值积分方法有很多种，地震工程领域最为常用的是线性加速度直接积分方法（大崎顺彦著，田琪译，2008）。如图 3.2－4 所示，假定时间段 Δt 范围内，加速度是线性变化的，当 Δt 很小时，这种假定是合理的，或者假定为其他函数形式也是可以的。在线性加速度直接积分中，当取 t 为局部时间 τ 的原点时，Δt 范围内加速度 a 可以表示为关于 τ 的一次线性函数，如公式（3.2－1）所示。

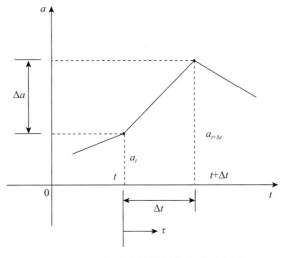

图 3.2－4　加速度线性插值积分示意图

$$a(t) = \frac{\Delta a}{\Delta t}\tau + a_t \qquad 0 \leqslant \tau \leqslant \Delta t \qquad (3.2-1)$$

将公式（3.2-1）对 τ 进行两次积分可得到速度和位移，分别如公式（3.2-2）和公式（3.2-3）所示：

$$\nu(\tau) = a_t\tau + \frac{a_{t+\Delta t} - a_t}{2\Delta t}\tau^2 + A \qquad (3.2-2)$$

$$d(\tau) = \frac{1}{2}a_t\tau^2 + \frac{a_{t+\Delta t} - a_t}{6\Delta t}\tau^3 + A\tau + B \qquad (3.2-3)$$

公式（3.2-2）和公式（3.2-3）中，积分初始条件当 $\tau = 0$，$\nu(0) = \nu_t$，$d(0) = d_t$ 时，积分常数分别为 $A = \nu_t$，$B = d_t$，将其代入公式（3.2-2）和公式（3.2-3），可以推导得到：

$$\nu(\tau) = \nu_t + a_t\tau + \frac{a_{t+\Delta t} - a_t}{2\Delta t}\tau^2 \qquad (3.2-4)$$

$$d(\tau) = d_t + \nu_t\tau + \frac{1}{2}a_t\tau^2 + \frac{a_{t+\Delta t} - a_t}{6\Delta t}\tau^3 \qquad (3.2-5)$$

因此，如果已知加速度运动时程，将 $\tau = \Delta t$ 代入公式（3.2-4）和公式（3.2-5），便可以分别计算 $t+\Delta t$ 时刻的速度和位移，分别如公式（3.3-6）和公式（3.3-7）所示：

$$\nu_{t+\Delta t} = \nu_t + (a_t + a_{t+\Delta t})\frac{\Delta t}{2} \qquad (3.2-6)$$

$$d_{t+\Delta t} = d_t + \nu_t\Delta t + \left(\frac{a_t}{3} + \frac{a_{t+\Delta t}}{6}\right)(\Delta t)^2 \qquad (3.2-7)$$

无论对于强地面运动还是结构地震反应，因为在静止状态 $t = 0$ 时，速度和位移均为 0，所以如果已知一条加速度时程记录，逐步代入上式便可以求出速度和位移时程。对于工程结构而言，如果获得了结构加速度反应记录时程，便可以通过积分得到速度反应和位移反应时程。直观理解，在一定采样频率下，两个相邻时刻点之间加速度是如何变化的，我们不得而知，这种积分方法直接假定了两个连续采样点之间加速度为线性变化。另外，由图 3.2-4 及公式推导可知，后一时刻的速度值相当于前一时刻速度值增加了一个梯形的面积，所以这种积分方法，也就是高等数学领域常用的梯形积分方法。

但在实际应用中，由于受到观测仪器低频噪声、环境背景噪声、人为处理误差以及初始加速度等多种因素影响，在由加速度反应记录积分得到速度反应及位移反应时程时，有时会出现严重基线漂移现象，特别当加速度记录的初始段不为零时，积分漂移现象更为严重。为此，需要对加速度记录进行一些必要的校正和处理，特别对于早期的模拟信号记录而言更有必要。关于加速度记录的基线校正与分析，以及由加速度时程积分得到速度时程和位移时程，一直是地震工程领域强震动数据处理最为重要的研究内容。尽管数字强震仪的出现，部分解决了仪器和零线校正等问题，但积分漂移现象仍未得到很好地解决。

对于早期的模拟信号加速度记录而言，积分时一般首先采用从加速度记录中减去一个趋势项处理。周雍年等（2011）曾给出了一种最小平方校正方法，假设未校正加速度记录为 $a_0(t)$，将加速度记录的零线平移并做一次微小转动，即假设零线为一次函数 c_1t+c_2，校正后的加速度记录如公式（3.2 - 8）所示：

$$a_1(t) = a_0(t) + c_1t + c_2 \qquad (3.2-8)$$

式中，$a_0(t)$ 为校正前的加速度记录；系数 c_1 和 c_2 按照使加速度平方和最小确定，即用最小二乘法拟合加速度记录，得到一次函数趋势项，从原始记录中减掉趋势项，作为校正后的加速度记录。然后对校正后的加速度记录实施积分运算，而得到速度时程后，再假设初速度为零，对速度记录时程再次使用该方法确定零线，如公式（3.2 - 9）所示：

$$v_1(t) = v(t) + c_3t + c_4 \qquad (3.2-9)$$

式中，$v(t)$ 为校正前的速度记录；系数 c_3 和 c_4 仍然按照最小平方方法确定，得到速度时程后，再次实施积分运算得到位移时程。

除此以外，对于早期的模拟信号加速度记录而言，还需要根据强震仪器的特性，进行仪器频响校正。经过数字滤波和上述校正后，可以通过积分方式得到速度和位移时程。对于目前常用的数字信号加速度记录而言，校正过程相对简单，一般将地震事件前的背景噪声均值从加速度记录中减掉，做基线初始化即可，然后对加速度记录进行数字滤波，再进行积分得到速度和位移时程，如果速度和位移发生零漂现象，需要选择和确定合理的滤波截止频率，尽可能降低或滤除低频噪声的影响。需要说明的是，迄今为止仍有大量学者在研究和解决加速度记录积分中漂移问题，特别在消除趋势项时，也给出了多种处理方法，如 EMD 方法、小波分解方法等等，其最终目的是解决积分过程中基线漂移问题。

上述过程只是针对一般的场地地震动和结构地震反应加速度记录处理，对于某些特殊记录而言，如近场发生永久位移的强地面运动记录、发生损伤破坏存在残余位移的结构地震反应记录等，需要特殊考虑和分析。如何通过数值积分方法，得到反映真实情况的结构位移反应时程，也是目前地震工程领域亟待解决的重要问题之一，关于此问题，已经超出了本文讨论范围，不再详细论述。

3.2.3　结构强震记录处理步骤

综合上述分析，对于目前大多数的数字强震动记录而言，这里给出一般建筑结构强震观测记录的具体分析步骤与处理流程：

（1）对结构地震反应加速度记录的基线进行初始化处理，利用结构反应加速度记录的所有采样点减去地震事件前的噪声记录平均值，解决由于初始加速度的存在而导致的积分漂移问题。

（2）对加速度反应记录进行傅里叶变换分析（下一章节介绍），得到结构地震反应加速度记录的傅里叶幅值谱，进一步通过谱分析，确定结构基本振动信息以及结构基本振动特性和振动参数。

（3）对于基线初始化后的结构加速度反应记录进行带通滤波，设置合理的低通截止频率和高通截止频率，一般选择满足得到合理的积分速度和位移反应时程的数值，有时需要试算，特别是高通截止频率。

（4）对滤波后的结构地震反应加速度记录进行积分运算，得到结构速度和位移反应时程，一般采用线性加速度直接积分方法，即假定相邻两个采样时刻点之间加速度是线性变化的，被积分的面积为一个梯形。

（5）计算结构不同楼层加速度记录的反应谱，此时得到的反应谱被称为楼板反应谱或简称楼板谱，其用途是为不同楼层的放置设备、非结构构件或附属结构等抗震分析及抗震设计工作提供输入依据。

3.2.4　结构强震记录积分算例

针对结构强震记录滤波和积分处理，这里给出一个算例，阐述不同滤波频带范围及滤波阶数对位移积分结果的影响。该算例建筑结构位于美国 Anchorage 市，如图 3.2 - 5 所示，地上 15 层，地下 1 层地下室，结构包含地下室的总高度为 60.88m，上部两层为设备层，基础平面尺寸长 45.72m，宽 32.31m。USGS 在该建筑结构布设了强震观测台阵（属于 ANSS 观测计划），其中结构上共设置 12 个通道，自由场地设置 3 个通道，距离建筑结构约 66m，整个建筑结构强震观测台阵具体测点布设情况及各通道观测方向如图 3.2 - 6 所示。

2018 年 11 月 30 日 17：29（UTC），美国 Anchorage 市附近发生 $M_W7.0$ 地震（Point MacKenzie Earthquake），震中位于 Anchorage 市以北约 11km，震源深度约 46km，该结构观测台阵在该次地震及其余震中获得了完整的地震反应加速度记录。本节以该结构第 8 层东北角（NE）第 8 通道加速度记录为例，说明由结构加速度反应记录时程积分得到结构速度和位移反应时程的积分过程。该测点记录的是结构东西方向的地震加速度反应，这也是所有测点中结构反应记录峰值加速度最大的位置，未经校正处理的原始加速度记录的峰值为 328.4cm/s^2，记录的采样频率为 200Hz。

如果对原始加速度记录不经任何处理，直接进行积分运算，得到积分结果如图 3.2 - 7 所示。由图可知，通过数值积分得到的速度时程及位移时程出现了明显的基线漂移现象，尽管速度时程尾部出现较小的线性漂移，但是位移时程整体出现了显著的基线漂移，最终位移高达 614.7cm。很明显这是不正确的积分结果，一是地震结束后结构速度反应应该归为 0，

图 3.2 - 5　美国 Anchorage 市某大楼 （COSMOS）

二是结构位移反应最终出现这么大的幅值，与实际情况完全不符。

　　为了得到结构在地震中合理的速度和位移反应时程，本文采用 Butterworth 滤波器对原始加速度记录时程进行带通滤波处理后再进行积分运算。根据结构地震反应加速度记录的采样频率为 200Hz，确定低通截止频率为 80Hz，当滤波阶数选为 2、高通截止频率取为 0.05Hz 时，积分得到了物理意义合理的结构速度和位移地震反应时程，速度及位移时程的基线漂移现象消失，如图 3.2 - 8 所示，此时峰值加速度为 328.3cm/s^2，峰值速度为 42.1cm/s，峰值位移为 16.8cm。

　　如果将 Butterworth 滤波器的阶数取为 4 阶，则当带通滤波范围取为 0.03~80Hz 时，即可积分得到合理的速度和位移反应时程，即积分所得速度及位移时程未出现基线漂移现象，如图 3.2 - 9 所示。此时峰值加速度为 327.9cm/s^2，峰值速度为 42.1cm/s，峰值位移为 16.5cm，该结果与滤波器阶数为 2、带通频带范围为 0.05~80Hz 时的结果差别不大。另外，与采用 2 阶 Butterworth 滤波器相比，采用 4 阶滤波时可在较宽的频带范围内获得合理的速度和位移时程，避免了较多低频振动信息的损失。

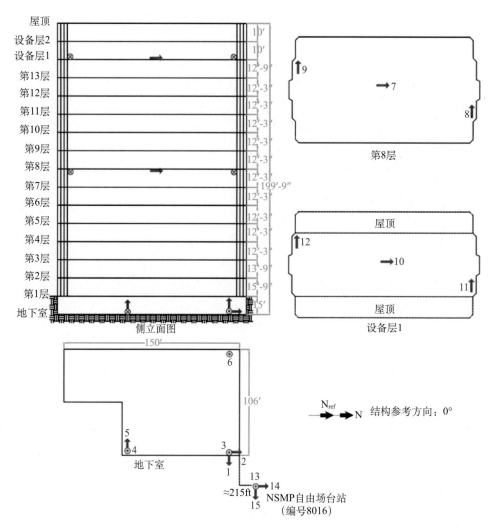

图 3.2 - 6　美国 Anchorage 市某大楼台阵布设示意图（COSMOS）

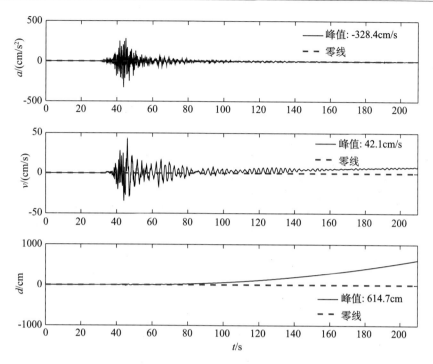

图 3.2-7　原始加速度记录及积分后速度和位移时程

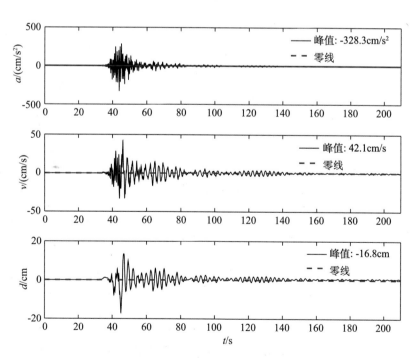

图 3.2-8　滤波后加速度及积分得到的速度和位移时程（2 阶，0.05~80Hz）

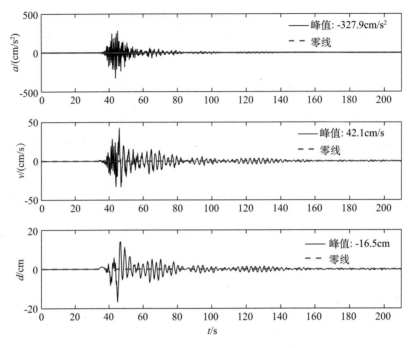

图 3.2 - 9　滤波后的加速度、速度和位移时程 （4 阶，0.03～80Hz）

3.3　傅里叶分析

通过强震仪器观测得到的无论是强地面运动记录还是结构地震反应记录，均是时域内的信号，人们可以从中得知振动幅度大小、强弱与振动时间长短，但很难观察到其频域振动特性，即振动频率及频谱特性，而傅里叶分析则提供了一个非常有效的频域分析工具。傅里叶分析 （Fourier Analysis） 一般包含傅里叶级数和傅里叶变换两个概念，有时又被称为调和分析，傅里叶变换则是傅里叶分析的核心内容。

3.3.1　傅里叶变换

傅里叶变换 （Fourier Transform） 是信号处理与分析最为重要的基础方法和实用工具，由法国数学家、物理学家傅里叶在 19 世纪初提出，其核心思想是满足一定条件的函数可以表示为三角函数的线性组合或积分。应该说，傅里叶变换是一项伟大的科学发现与发明，为人们从全新视角观察这个世界打开了另外一扇大门。从数学上理解，一般常见的微分、积分和卷积在傅里叶变换下均可简化为一般的代数运算，因此傅里叶变换是求解微分方程和进行数值计算最为有效的数学工具。从物理上理解，具有周期性的振动可以看作是一系列具有单一频率简谐振动的线性叠加，比如傅里叶级数就是这一物理过程的具体数学描述。

在地震工程领域实际工程测试或监测中，一般得到的时间序列信号 （如强地面运动记录、结构反应加速度记录等） 往往不能表达为连续函数，或者即使可以表达为连续函数，也很难被计算机分析处理，此时需要将连续函数离散数字化，并采用离散傅里叶变换（Discrete Fourier Transform，DFT）进行分析与处理。其他工程领域实际应用中，绝大多数时间序列信号的傅里叶分析也都是采用离散傅里叶变换实现的，因此本文只对傅里叶变换进行简单介绍。

3.3.2　离散傅里叶变换

从名称上不难理解，离散傅里叶变换是在时域和频域上都表现为离散形式的傅里叶变换，一般用来将离散的时间序列信号从时域变换到频域，即求解出组成一个离散时间序列信号的简谐波幅值和相位。特别需要说明的是，地震工程领域或其他工程领域，需要分析的时间序列信号绝大部分为有限长时间序列，其最适合的频域分析工具就是离散傅里叶变换，并且由于其存在快速算法，即快速傅里叶变换（Fast Fourier Transform，FFT），因此离散傅里叶变换在各种数字信号分析与处理中处于非常重要的地位。

假定有一个时间序列信号，其样本值是按等间隔采样或取值的，设样本采样时间间隔为 Δt，样本总点数为 N，则该时间序列信号的持续时间为 $T = N\Delta t$，这样的时间序列信号即是有限长的时间序列信号。傅里叶变换就是利用三角函数拟合这个时间序列信号，如信号序列的第 m 个值可以表示为公式（3.3-1）所示：

$$f(m) = \frac{A_0}{2} + \sum_{k=1}^{N/2-1}\left[A_k\cos\frac{2\pi km}{N} + B_k\sin\frac{2\pi km}{N}\right] + \frac{A_{N/2}}{2}\cos\frac{2\pi(N/2)m}{N} \quad (3.3-1)$$

该公式是三角级数展开推导后所得公式，即如果求出所有三角函数的系数 A_k 和 B_k，则公式（3.3-1）就满足时间序列信号中每一个值，就保证了拟合的函数可以通过该时间序列信号的每一点。公式（3.3-1）中包含了 N 个未知数，而时间序列信号刚好包含 N 个样本值 $f(m)$，这样通过联立方程组，可以完全把 N 个未知系数求解出来。利用三角函数的正交性，可以推导得到：

$$A_k = \frac{2}{N}\sum_{m=0}^{N-1}f(m)\cos\frac{2\pi km}{N} \quad k = 0,\ 1,\ 2,\ \cdots,\ \frac{N}{2}-1,\ \frac{N}{2} \quad (3.3-2)$$

$$B_k = \frac{2}{N}\sum_{m=0}^{N-1}f(m)\sin\frac{2\pi km}{N} \quad k = 1,\ 2,\ \cdots,\ \frac{N}{2}-1 \quad (3.3-3)$$

公式中 $m=0,\ 1,\ 2,\ \cdots,\ N-1$，这样公式中 N 个未知三角函数的系数就全部求解出来。注意到时间序列信号的采样时间间隔为 Δt，则第 m 个点的时刻为 $t = m\Delta t$，所以有 $m = t/\Delta t$，如果将其代入公式（3.3-1），可以得到时间函数：

$$f(t) = \frac{A_0}{2} + \sum_{k=1}^{N/2-1}\left[A_k\cos\frac{2\pi kt}{N\Delta t} + B_k\sin\frac{2\pi kt}{N\Delta t}\right] + \frac{A_{N/2}}{2}\cos\frac{2\pi(N/2)t}{N\Delta t} \quad (3.3-4)$$

根据求解过程可知，该函数将逐个全部通过 N 个离散样本值 $f(m)$，但样本点之间无法保证与该函数一致，因此，有时称其为有限傅里叶近似函数。这样由公式（3.3-2）和公式（3.3-3）确定的系数 A_k 和 B_k 称为有限傅里叶系数，而这两个公式，即公式（3.3-2）和公式（3.3-3），则被称为离散数列 $f(m)$ 的傅里叶变换。反之，当系数 A_k 和 B_k 为已知时，通过公式（3.3-1）可以求出原来的时间序列样本值，此时被称为傅里叶逆变换。

公式（3.3-4）中，第一项 $A_0/2$ 表示时间序列所有样本的均值，有时也被称为直流分量，如果不考虑该项，原始时间序列信号组成的波形被分解为了正弦波和余弦波的组合。如果令：

$$f_k = \frac{k}{N\Delta t} \tag{3.3-5}$$

则公式（3.3-4）可以改写为：

$$f(t) = \frac{A_0}{2} + \sum_{k=1}^{N/2-1} [A_k\cos2\pi f_k t + B_k\sin2\pi f_k t] + \frac{A_{N/2}}{2}\cos2\pi f_{N/2}t \tag{3.3-6}$$

由公式（3.3-6）可知，原始时间序列信号被分解为频率为分别依次为 f_1、f_2、…、$f_{N/2-1}$、$f_{N/2}$ 的谐波和一个直流分量 $A_0/2$ 的叠加了。一般把 f_k 称为 k 次频率，而第 1 次频率 f_1 则称为基本频率，这也是所能分解出的最低频率，对应周期最长的谐波，即当 $k=1$ 时：

$$f_1 = \frac{1}{N\Delta t} \tag{3.3-7}$$

而当 $k=N/2$ 时，由公式（3.3-5）确定的频率最大，为最高频率为 $f_{N/2}$：

$$f_{N/2} = \frac{N/2}{N\Delta t} = \frac{1}{2\Delta t} \tag{3.3-8}$$

该频率被称为奈奎斯特（Nyquist）频率，表示一种分辨能力，是傅里叶分析能够检测和分解出的频率最高界限，由公式（3.3-8）可知，该频率为采样频率（$1/\Delta t$）的一半，如果需要了解某振动信号中更高的频率成分特征，则需要提高时间序列信号的采样频率，缩短采样时间间隔，振动信号的采样时间间隔一旦确定，该值也就确定了，比如一个采样频率为200Hz的地震动信号或结构地震反应信号，傅里叶变换可以分解出的最高频率成分为100Hz。

根据三角函数运算法则，如果令：

$$X_k = \sqrt{A_k^2 + B_k^2} \tag{3.3-9}$$

$$\varphi_k = \arctan\left(-\frac{B_k}{A_k}\right) \qquad -\pi < \varphi_k < \pi \qquad (3.3-10)$$

则公式（3.3-6）可以改写为：

$$f(t) = \frac{X_0}{2} + \sum_{k=1}^{N/2-1} X_k \cos(2\pi f_k t + \varphi_k) + \frac{X_{N/2}}{2}\cos 2\pi f_{N/2} t \qquad (3.3-11)$$

反之，也可以得到：

$$\left.\begin{array}{l} A_k = X_k \cos\varphi_k \\ B_k = -X_k \sin\varphi_k \end{array}\right\} \qquad (3.3-12)$$

为了以示区别，这里幅值采用 X_k 表示，X_k 即表示第 k 次谐波分量的振幅，由傅里叶系数 A_k 和 B_k 计算得到，φ_k 为第 k 次谐波分量的相位，振幅和相位可以通过公式（3.3-9）和公式（3.3-10）计算得到。将第 k 次频率及其对应的振幅和相位作图，可以分别得到时间信号序列的傅里叶振幅谱和傅里叶相位谱。需要注意的是地震工程领域一般将 X_k 乘以1/2倍时间序列信号持续时间作为振幅谱，即乘以 $T/2$ （大崎顺彦著，田琪译，2008）。傅里叶谱不仅表明原始时间序列信号中包含了哪些频率成分的分量，也显示哪些频率成分分量幅值大小，当某些分量的振幅比较大时，称这些分量对应的频率为卓越频率。有时人们通过傅里叶谱只是查看各频率成分幅值的相对大小来确定卓越频率，因此如果傅里叶谱的幅值变化比较剧烈，也可以采用加窗函数对傅里叶谱进行平滑处理，以更清晰地显示和得到卓越频率与不同频谱成分信息。

上述分析可知，傅里叶变换的主要工作是利用公式（3.3-1）或公式（3.3-4）求解傅里叶系数，其中当时间序列信号的样本点数非常多时，即 N 很大时，在计算设备尚未发展的年代，是非常耗时的。为了提高计算效率，1965 年库利（J. W. Cooley）和图基（J. W. Tukey）提出了快速傅里叶变换算法（Fast Fourier Transform，FFT），该算法使得计算离散傅里叶变换所需要的乘法次数大为降低，特别是样本时间序列信号的点数 N 越大，算法计算量节省时间就越显著。FFT算法的基本原理是把 N 点的较长时间序列信号，分解成一系列短的时间序列信号，进而求解并进行组合，通过这种分解达到删除重复计算、减少乘法运算、提高计算效率的目的。快速傅里叶变换使得离散傅里叶变换运算效率显著提高，为数字信号处理技术应用于各领域中信号的实时处理创造了良好条件，大大推动了数字信号处理技术的发展与应用。

顺便说明，对于一般的连续函数，可以从傅里叶级数展开的形式理解傅里叶变换，而根据欧拉公式变换，傅里叶级数一般表示为较为简洁的指数形式，如公式（3.3-13）所示：

$$f(t) = \frac{1}{T} \sum_{-\infty}^{+\infty} \left[\int_{-\frac{T}{2}}^{+\frac{T}{2}} f(\tau) e^{-in\omega\tau} d\tau \right] e^{in\omega t} \qquad (3.3-13)$$

严格从数学意义上讲，傅里叶级数适用于周期性函数，且必须满足狄利克雷条件，但如果函数 $f(t)$ 为非周期性函数，可以按函数的周期 $T \to +\infty$ 来考虑，这种情况下就要需要采用积分形式的傅里叶变换来表达，一般情况下，傅里叶变换采用复数的简洁形式表示，如公式 (3.3-14) 所示：

$$F(\omega) = \int_{-\infty}^{+\infty} f(t) e^{-i\omega t} dt \qquad (3.3-14)$$

与此对应的，傅里叶逆变换如公式 (3.3-15) 所示：

$$f(t) = \frac{1}{2\pi} \int_{-\infty}^{\infty} F(\omega) e^{i\omega t} d\omega \qquad (3.3-15)$$

上述公式 (3.3-14) 和公式 (3.3-15) 分别定义为连续函数的傅里叶变换和傅里叶逆变换，即将频域函数表示为时域函数的积分、时域函数表示为频域函数的积分，分别实现将时域函数转换到频域，或从频域转换到时域。连续函数的傅里叶变换可以理解为傅里叶级数的极限推广形式，因为积分本身也是一种极限形式的求和运算，只不过函数的周期 T 趋近于无穷大了，此时傅里叶变换变为了连续函数。需要注意的是，傅里叶逆变换中，如果是对角频率 ω 的积分，则公式前需要除以 2π（即公式中 $d\omega/2\pi$），这一点往往容易被忽略。

本文只是简要描述和介绍了傅里叶变换的概念与过程，具体详细推导及证明过程，可以参考相关的数字信号处理方面图书资料，由于傅里叶变换如此重要，因此任何关于信号处理方法的图书都会有详细介绍。傅里叶变换是地震工程领域最为常用也是最为基础的时间序列信号分析方法之一，主要功能是将时域振动信号变换到频域，从而查看振动时间序列信号各频率成分组成及卓越频率，在地震工程领域有着最为广泛的应用。

3.3.3　傅里叶变换应用实例

傅里叶变换是结构地震反应记录最为重要和主要的基础分析与处理方法，包括结构自振特性分析、结构性能评估、损伤破坏识别以及震后安全鉴定等工作，都离不开傅里叶分析方法。本节通过分析某建筑结构在两次地震中的加速度反应记录，给出一个较为完整的结构地震反应记录傅里叶分析算例，其他有类似需求或相似工作，可以参考本算例分析模式。本文后面章节在对结构地震反应记录进行分析或求解结构振动特征参数时，也多次采用了傅里叶变换技术。

本节选择美国加利福尼亚州 Burbank 市某住宅楼结构地震反应记录为例进行傅里叶分析。该建筑物为一座 10 层钢筋混凝土剪力墙结构，位于美国洛杉矶 Burbank 市（Los Angeles, State of California），如图 3.3-1 所示。该建筑结构建于 20 世纪 70 年代中期，80

年代初，美国加州强震动观测计划 CSMIP（California Strong Motion Instrumentation Program）在该建筑上布设了地震反应观测系统。观测系统共由 16 个通道组成，分别观测结构横向、纵向及竖向三个方向的地震反应，观测测点仪器的布设位置及各个通道的观测方向如图 3.3-2所示。该建筑结构地震反应观测系统是一个典型的常规结构强震观测台阵，除了可以观测结构横向、纵向两个方向水平地震反应外，在结构地面一层处，还设置了竖向观测测点，用于观测结构地面的竖向地震动。另外，通过联合结构横向两端测点的地震反应记录，可以分析结构不同楼层的扭转振动反应情况。

该建筑结构强震观测系统自建成以来，在多次地震中获得了完整的地震反应记录，如 1987 年 10 月 Whittier 地震、1991 年 6 月 Sierra Madre 地震以及 1994 年 1 月 Northridge 地震等等。本文选择其中两次地震（第一次和第三次地震，即 Whittier 地震和 Northridge 地震）中部分通道的结构地震反应记录进行了处理与分析，主要采用傅里叶变换分析了结构自振频率特性及其在两次地震中的变化情况，阐述了傅里叶变换在结构地震反应记录处理中应用。

图 3.3-1　美国 Burbank 市某住宅楼

1. Whittier 地震反应记录分析

美国 Whittier 地震发生在 1987 年 10 月 1 日早上 7：42（PDT 时间，14：42：20.0GMT），震级为 6.1 级（M_L），震源深度 9km。结构强震观测台阵在该次地震中所有通道都获得了加速度反应记录，由于地震反应记录较多，本节主要分析了结构屋顶和地面 1 层的加速度记录。根据地震反应记录情况，结构顶层 3 个通道 CH02（结构横向）、CH03（结构横向）及 CH10（结构纵向）峰值加速度分别为 312.18、333.10 和 517.76cm/s^2，可知结构顶层横向两端的加速度峰值稍有差别。结构 1 层地面 4 个通道 CH13（结构横向）、CH14（结构横向）、CH01（结构横向）及 CH16（结构纵向）峰值加速度分别为 222.96、165.10、207.29 和 204.66cm/s^2，可知结构 1 层横向两端的水平加速度反应峰值也稍有差别。根据这些地震反应数据初步可以判断，建筑结构纵向地震反应大于横向地震反应，而且结构横向两侧反应稍有差别，结构应该是发生了扭转效应。初步分析建筑结构扭转效应产生的原因，一是由于结构本身平面不是对称结构，二是因为地面一层输入地震动不均匀，二者共同导致了建筑结

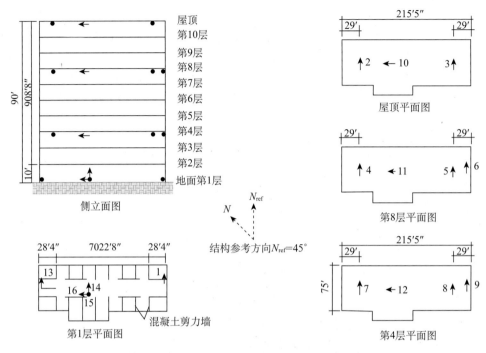

图 3.3－2　结构强震观测系统测点分布示意图

构扭转效应的发生。

为了分析建筑结构自振频率等振动特性，本文对结构横向地震反应记录和纵向地震反应记录都进行了傅里叶分析处理，给出了地震反应加速度记录的傅里叶谱，计算了结构顶层与地面1层加速度反应记录的傅里叶幅值谱比，并进行了简单的对比分析与讨论。在计算分析过程中，顶层选择了 CH03 通道记录和 CH10 通道记录，而结构 1 层地面分别选择了 CH01 和 CH16 通道记录，分别分析结构横向和纵向振动特性。结构横向地面 1 层 CH01 通道记录的加速度反应时程及其傅里叶谱如图 3.3－3 所示，根据傅里叶谱显示，该通道记录的地面震动的卓越频率在 2.0Hz 附近和 6.0Hz 附近。

建筑结构顶层横向 CH03 通道记录的加速度反应时程及其傅里叶幅值谱如图 3.3－4 所示，为了使傅里叶谱显示更为清晰，本文将频率轴范围限定在 0～15.0Hz，实际 15.0Hz 以上频率成分的幅值也非常小（注：结构地震反应记录初步分析处理中带通滤波低频为 0.10～0.20Hz，高频为 23.0～25.0Hz）。根据计算分析结果可知，结构横向顶层加速度记录傅里叶谱出现两个较为接近的峰值，对应频率分别为 1.825 和 2.175Hz，这两个频率应该接近于结构的横向自振频率。

为了更好了解结构振动特性，本文对上述两个傅里叶幅值谱进行了求谱比的运算，这里假定地面 1 层 CH01 通道的记录为输入，而顶层 CH03 通道的记录为输出，计算结果如图 3.3－5 所示。注意本文对傅里叶幅值谱没有进行平滑处理，但对幅值谱的谱比进行了平滑处理，以更清晰地显示结构振动频率特征。傅里叶谱比可以认为是结构系统顶层输出和底层

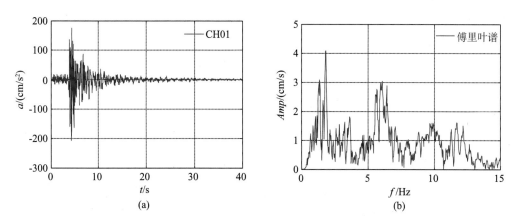

图 3.3 - 3 Whitter 地震中地面 1 层 CH01 通道加速度记录及其傅里叶谱

（a）加速度时程；（b）傅里叶谱

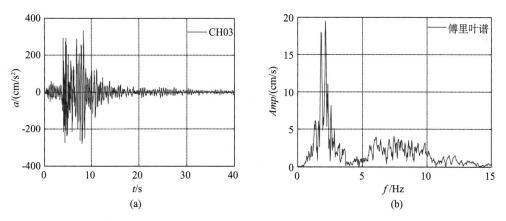

图 3.3 - 4 Whitter 地震中结构屋顶 CH03 通道加速度记录及其傅里叶谱

（a）加速度时程；（b）傅里叶谱

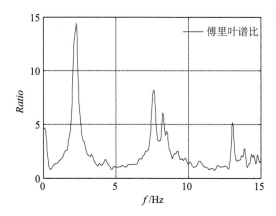

图 3.3 - 5 结构横向屋顶与地面 1 层反应记录的傅里叶谱比

输入的频域之比，通过谱比可以了解结构对不同地震动频率成分的放大情况，根据傅里叶幅值谱比的计算结果，峰值出现在 2.275Hz，此值可以认为是该建筑结构的横向自振频率。

对于结构纵向地震反应而言，结构地面 1 层 CH16 通道记录的加速度时程及其傅里叶幅值谱如图 3.3－6 所示，根据傅里叶幅值谱显示，结构纵向的地面震动频率在 10Hz 以下分布较为均匀，没有非常明显的卓越频率。

结构纵向屋顶 CH10 通道记录的加速度反应时程及其傅里叶幅值谱如图 3.3－7 所示，根据傅里叶谱显示结果，该结构屋顶加速度记录傅里叶谱峰值对应频率为 1.725Hz，此值应该接近于或者可以认为是结构的纵向自振频率。对比可知，结构纵向振动频率比结构横向振动频率略低，即该建筑结构的纵向自振周期略大于结构的横向自振周期。

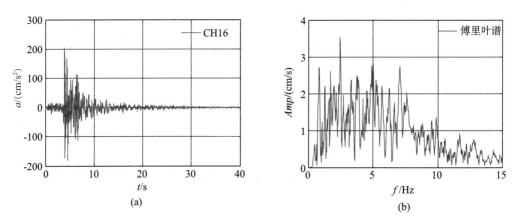

图 3.3－6　Whitter 地震中地面 1 层 CH16 通道加速度记录及其傅里叶谱
(a) 加速度时程；(b) 傅里叶谱

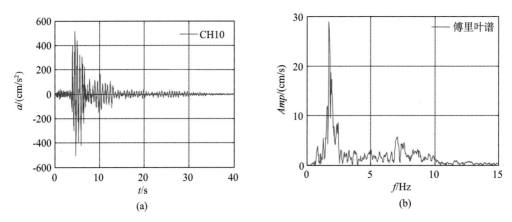

图 3.3－7　Whitter 地震中结构屋顶 CH10 通道加速度记录及其傅里叶谱
(a) 加速度时程；(b) 傅里叶谱

结构纵向屋顶反应加速度记录与地面 1 层反应加速度记录的傅里叶幅值谱比如图 3.3－8 所示，根据该计算结果，谱比的峰值出现在 1.775Hz，与屋顶加速度反应记录傅里叶谱峰值结构相当，此值可以认为是该建筑结构的纵向自振频率，比结构横向自振频率略低。至此基本可以确定，本结构横向自振频率约为 2.25Hz，纵向自振频率约为 1.775Hz，这样就确定了该建筑结构的自振频率振动特性。另外，可以认为，对结构屋顶的地震反应记录进行傅里叶分析，根据傅里叶谱可以确定结构自振周期，如果结构第 1 层地面也布设了强震观测仪器（一般情况下，结构强震观测台阵布设中，结构屋顶和地面 1 层或自由地表是必设观测点的位置，可参考第二章内容），也可以通过结构屋顶加速度反应记录和底层加速度记录的傅里叶幅值谱比来确定结构自振频率、自振周期等参数，谱比实际上也就相当于结构在频域内的传递函数，由谱比确定的结构自振频率和顶层记录傅里叶谱确定的结构自振频率一般不会相差太大。需要注意的是，因为谱比是两个傅里叶幅值谱之比，如果两个傅里叶谱幅值都很低，特别是在结构地震反应记录的有效频带边界附近，得到的谱比结果可能较大或出现一些异常，计算与分析中需要特别注意这一点，以免误判为结构的自振频率，此时可以通过查看结构屋顶反应记录的傅里叶谱峰值位置对应的频率值即可。

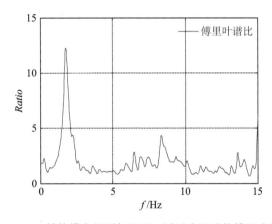

图 3.3 - 8　结构横向屋顶与地面 1 层反应记录的傅里叶谱比

另外需要注意的是，如果采用傅里叶分析及谱比法计算或求解结构自振频率，严格意义上讲，结构地震反应水平较低时方法才适用，即确保结构在地震中没有发生非线性反应，如果结构在地震中发生了非线性反应，尤其是发生了较为强烈的非线性反应，采用这种方式得到结构自振频率从理论上讲是不合适的，因为结构一旦发生非线性反应，再讨论其频率或周期等模态参数是没有意义的。但从工程应用角度讲，还是可以大体得到结构自振频率的，此时假定了结构在地震中没有发生非线性反应。如果结构发生地震非线性反应水平较高，或结构发生了较大损伤破坏，此时得到的结构自振频率往往会低于结构完好时的自振频率。

2. Northridge 地震反应记录分析

美国 Northridge 地震（北岭地震）发生于 1994 年 1 月 17 日凌晨 4：31（PST 时间，12：30：55.4GMT），震级为 6.6 级（M_L），震源深度 18km。由于该次地震属于浅源地震，震级又较大，震中 30km 范围内灾害较重，大量建筑结构物毁坏或倒塌，其他工程构筑物及基础设施也遭受不同程度损伤破坏，造成了较为严重的人员伤亡和巨大经济损失。

该建筑物布设的结构强震观测台阵在地震中所有通道都获得了加速度反应记录，顶层 3

个通道 CH02（结构横向）、CH03（结构横向）及 CH10（结构纵向）峰值加速度分别为 744.57、699.71 和 512.00cm/s²，如上一次 Whittier 地震不同的是，该次地震中结构的横向地震反应水平大于结构的纵向地震反应水平，且结构两端加速度反应记录的峰值差别也较大。结构 1 层地面 4 个通道 CH13（结构横向）、CH14（结构横向）、CH01（结构横向）及 CH16（结构纵向）峰值加速度分别为 295.684、288.95、334.87 和 258.586cm/s²。结构 1 层地面横向 3 个通道中，CH01 通道加速度记录峰值与 CH13 通道、CH14 通道加速度记录峰值差别较大。另外，初步对比结构第 1 层地面地震动峰值加速度和结构结构顶层地震反应峰值加速度可知，该结构在 Northridge 地震中的横向地震反应水平要远远高于其在 Whittier 地震中的横向地震反应水平，但结构纵向地震反应水平与 Whittier 地震中纵向地震反应水平则相当，这一点本文后续还要进行详细讨论。

　　与前一次 Whittier 地震反应记录分析过程相同，本文对该结构横向地震反应记录和纵向地震反应记录都进行了分析处理，并计算了傅里叶幅值谱比。计算分析中，同样顶层选择了 CH03 通道加速度记录和 CH10 通道加速度记录，结构 1 层地面分别选择了 CH01 和 CH16 通道加速度记录，分别分析结构横向和纵向振动特性。结构横向地面 1 层 CH01 通道记录的加速度时程及其傅里叶谱如图 3.3-9 所示，根据傅里叶谱显示，地面震动没有明显的卓越频率，在 1.0~6.0Hz 和 6.0~10.0Hz 频率成分较为均匀。

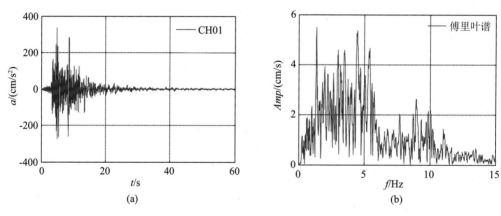

图 3.3-9　Northridge 地震中地面 1 层 CH01 通道加速度记录及其傅里叶谱
（a）加速度时程；（b）傅里叶谱

　　结构横向屋顶 CH03 通道记录的加速度反应时程及其傅里叶幅值谱如图 3.3-10 所示，根据傅里叶谱显示结果，结构屋顶地震反应加速度记录的傅里叶谱峰值出现在 1.716Hz 附近，该频率应该接近于结构自振频率，或者认为是结构在该次地震中的自振频率。

　　对上述 CH03 和 CH01 两个通道加速度反应记录的傅里叶谱求谱比计算，结果如图 3.3-11 所示。根据谱比计算结果可知，幅值谱谱比的峰值出现在 1.683Hz，此值可以认为或者作为结构在该次地震中横向自振频率。

　　对于结构纵向地震反应而言，Northridge 地震中结构地面 1 层 CH16 通道记录的加速度反应时程及其傅里叶幅值谱如图 3.3-12 所示，根据傅里叶幅值谱结果显示，结构纵向一层

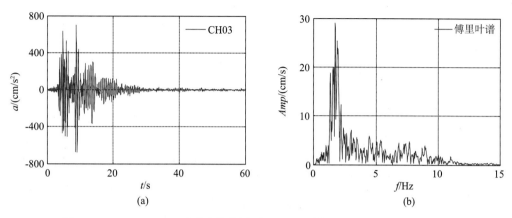

图 3.3 - 10 Northridge 地震中结构屋顶 CH03 通道加速度记录及其傅里叶谱
（a）加速度时程；（b）傅里叶谱

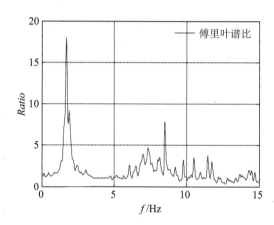

图 3.3 - 11 Northridge 结构横向屋顶与地面 1 层记录的傅里叶谱比

地面震动在 10Hz 以下分布较为均匀，也没有非常明显的卓越频率出现，主要反映了地震中强地面运动特征。

结构纵向屋顶 CH10 通道记录的加速度反应时程及其傅里叶幅值谱如图 3.3 - 13 所示，根据傅里叶谱显示结果，结构屋顶加速度反应记录的傅里叶谱峰值对应的频率为 1.60Hz，此值可以作为结构在该次地震中纵向自振频率。

结构纵向屋顶 CH10 通道的地震反应加速度记录与地面 1 层 CH16 通道加速度记录的傅里叶谱比如图 3.3 - 14 所示，根据该计算结果，谱比峰值出现在 1.65Hz，此值可以作为该建筑结构的纵向自振频率，比结构横向自振频率略低，这种趋势与采用 Whittier 地震中的结构加速度反应记录分析结果一致。

通过上述分析可以确定，利用该建筑结构在 Northridge 地震中的加速度反应记录确定的结构横向自振频率约为 1.683Hz，纵向自振频率约为 1.65Hz，这样就确定了该建筑结构在

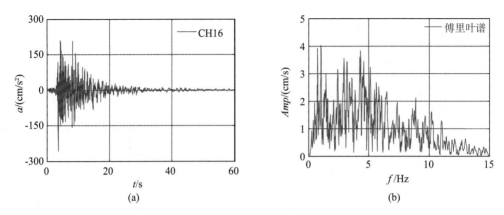

图 3.3 - 12　Northridge 地震中地面 1 层 CH16 加速度记录及其傅里叶谱

（a）加速度时程；（b）傅里叶谱

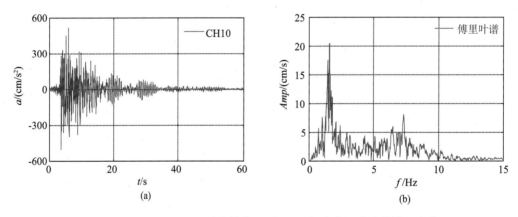

图 3.3 - 13　Northridge 地震中结构屋顶 CH10 加速度记录及其傅里叶谱

（a）加速度时程；（b）傅里叶谱

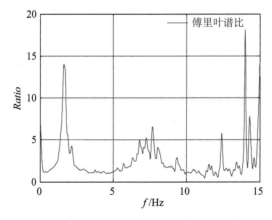

图 3.3 - 14　Northridge 结构纵向屋顶与地面反应记录的傅里叶谱比

Northridge 地震中的振动特征参数。这些参数可以作为该建筑结构经历 Northridge 地震后的结构自振特性参数，通过进一步对比分析，可以评价结构在地震中损伤破坏情况。

3. 两次地震结构反应及分析结果对比

本文简单对比了两次地震中结构地震反应的特点与反应大小，并从傅里叶幅值谱谱比的角度对比了结构自振特性，在对比结构地震反应特征时，选择的反应记录包含了上述计算傅里叶幅值谱及谱比时的通道加速度记录。

用于观测结构横向地震反应、沿结构从下到上 CH01、CH03、CH06 及 CH09 4 个通道在 Whittier 和 Northridge 两次地震中获得的加速度反应记录峰值对比如图 3.3 - 15a 所示，而用于观测结构纵向地震反应、沿结构从下到上 CH16、CH10、CH11 及 CH12 4 个通道在两次地震中获得的加速度反应记录峰值对比如图 3.3 - 15b 所示。需要注意，这里在作图时将结构地面 1 层定义为 0 层，屋顶定义为 10 层，与图 3.3 - 2 中楼层标注的方式稍有不同。

通过图 3.3 - 15 中对比结果可知，在 Northridge 地震中，结构横向加速度地震反应无论哪一楼层都比 Whittier 地震中的地震反应要大很多，尤其是结构屋顶加速度地震反应。结构纵向地震反应除了第 1 层地面 Northridge 地震中记录峰值比 Whittier 地震中峰值大外，其余各楼层加速度反应峰值相差不是很大，屋顶差别最小，两者几乎是相等的。无论结构横向地震反应还是纵向地震反应，加速度峰值沿结构高度方向不是单调增加，Whittier 地震中结构横向最大加速度反应峰值出现在第 3 层位置，第 7 层位置比屋顶和第 3 层都要小，而在 Northridge 地震中，结构第 7 层位置小于第 3 层位置和屋顶位置。对于结构的纵向加速度地震反应而言，结构在两次地震中第 7 层位置的加速度地震反应峰值均小于第 3 层位置和屋顶位置的加速度地震反应峰值。根据这个变化趋势可以推断，应该是结构高阶振型的影响所致。

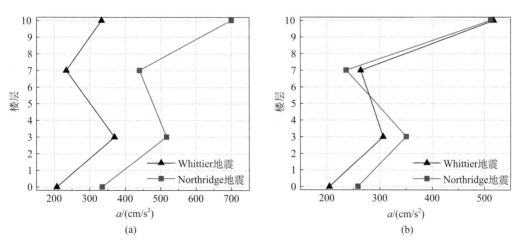

图 3.3 - 15　两次地震中结构加速度峰值对比
（a）横向；（b）纵向

将结构各层地震反应加速度峰值与地面 1 层（图 3.3 - 15 中的 0 层）加速度峰值求比值，定义为对地面运动的放大系数，计算结果如图 3.3 - 16 所示。根据计算结果可知，

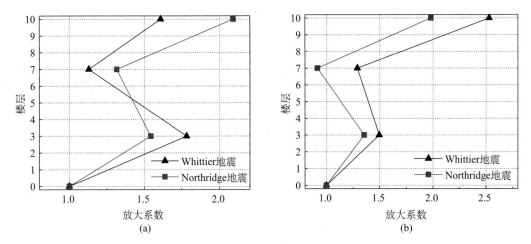

图 3.3 - 16　两次地震中结构加速度放大系数对比

(a) 横向；(b) 纵向

Northridge 地震中结构屋顶横向地震反应比地面放大 2.1 倍，而 Whittier 地震中放大只有 1.6 倍。对结构纵向地震反应而言，Northridge 地震中结构屋顶加速度反应比地面放大 2.0 倍，而 Whittier 地震中则放大了 2.5 倍。对两次地震中结构加速度地震反应而言，结构第 7 层位置的加速度峰值放大都是最小。

下面从傅里叶幅值谱角度对比两次地震中的结构反应特点及结构自振特性。该建筑结构在 Whittier 地震中和 Northridge 地震中的横向和纵向加速度地震反应记录的傅里叶谱比如图 3.3 - 17 和图 3.3 - 18 所示。根据图 3.3 - 17 和图 3.3 - 18 可知，结构横向自振频率在 Northridge 地震中下降幅度较大，下降比例约为 25.20%，而结构纵向自振频率下降幅度较小，仅为 7.04% 左右。根据该建筑结构实际情况分析，结构自振频率发生下降可能主要由以下三种原因导致：

（1）Northridge 地震发生在 1994 年 1 月，而 Whittier 地震发生在 1987 年 10 月，两次地震时隔 7 年之久，在此时间范围内建筑结构本身发生了性能退化，如侧向刚度降低等，导致结构自振频率下降。

（2）1991 年 6 月，建筑结构所在区域曾发生过一次 Sierra Madre 地震，震级 $M_L = 5.8$ 级，结构在该次地震中反应水平也较高，屋顶加速度反应峰值 CH03 通道记录为 339.05cm/s^2、纵向 CH10 通道记录为 182.06cm/s^2，对结构造成了一定影响。作者曾利用该次地震中的地震反应加速度记录分析过结构自振频率，比利用 Whittier 地震中反应记录分析结果有较小幅度的下降。

（3）1994 年 1 月 Northridge 地震中，建筑物的结构构件或非结构构件发生了损伤破坏，使得建筑结构整体刚度下降，导致结构自振频率（尤其是横向）下降较大，其中这也是最为主要的结构自振频率下降原因。

上述三个原因共同导致了结构自振频率的下降。顺便说明的是，根据作者的经验，建筑结构自振频率下降，不一定全部是由结构构件较大损伤导致，一些非常细微、甚至肉眼不可见的结构构件微小裂缝，或某些非结构构件的局部损伤破坏也可能会导致结构频率大幅度下降，比如钢筋混凝土框架结构梁柱非常细微的裂缝或填充墙的开裂破坏等等，可能会使得结构自振频率发生较大下降。这一点在实际工作中需要特别注意，不要看到结构频率下降就判断结构主体构件发生了损伤或破坏，还要检查和检测非结构构件如填充墙等地震损伤破坏情况。

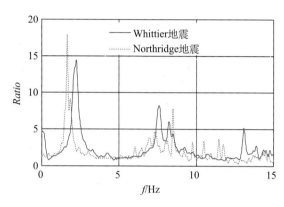

图 3.3-17　结构横向地震反应加速度记录的傅里叶谱比

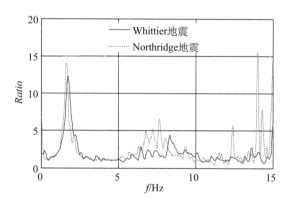

图 3.3-18　结构纵向地震反应加速度记录的傅里叶谱比

4. 两个问题简单讨论与说明

讨论与说明 1：如果建筑结构不同楼层或层高处均布设了强震观测仪器，利用不同楼层的结构地震反应记录，采用同样的分析方法和流程会得到相似的结果，均可以得到结构自振频率等自振特性参数。

对本算例建筑结构而言，分别采用 Whittier 地震中 CH03、CH06 及 CH09 通道的加速度反应记录为输出数据，以 CH01 通道的加速度记录为输入数据，计算得到的结构横向地震反应的傅里叶幅值谱谱比如图 3.3-19a 所示，而分别采用 Whittier 地震中 CH10、CH11 及 CH12 通道的加速度反应记录为输出数据，以 CH16 通道的加速度记录为输入数据，计算得到的结构纵向地震反应加速度记录的傅里叶谱比如图 3.3-19b 所示。通过对比可知，无论是结构横向还是结构纵向，除了谱比的幅值高低不同外，对应的自振频率完全相同。利用相同的分析方法及流程，对结构在 Northridge 地震中的加速度反应记录进行分析，得到了相同的分析结果和结论，如图 3.3-20 所示，具体数值结果不再展开分析和讨论。

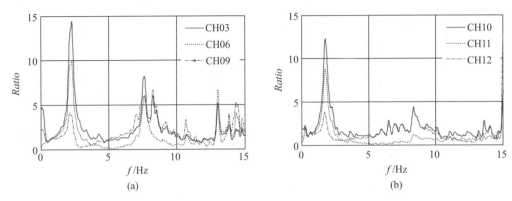

图 3.3 - 19　Whittier 地震中不同楼层地震反应的傅里叶谱比分析结果

（a）结构横向地震反应傅里叶谱比；（b）结构纵向地震反应傅里叶谱比

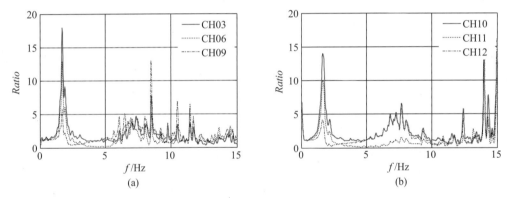

图 3.3 - 20　Northridge 地震中不同楼层地震反应的傅里叶谱比分析结果

（a）结构横向地震反应傅里叶谱比；（b）结构纵向地震反应傅里叶谱比

讨论与说明 2：如果在建筑结构的两侧都布设了强震观测仪器，为了消除结构扭转效应等影响，也可以采用简单的数学几何方法，求出结构形心处的地震反应时程，然后分析得到建筑结构的自振周期等参数，这种方法得到的结构自振周期结果与前述方法分析结果非常相近。

例如对于本算例建筑结构，如果将顶层 CH02 和 CH03 两个通道的加速度反应记录平均值作为屋顶输出，而将一层地面 CH01 和 CH13 两个通道的加速度记录平均值作为输入，也可以计算得到其傅里叶幅值谱谱比，进而分析结构自振频率。Whittier 地震中结构加速度反应记录的谱比计算结果如图 3.3-21a 所示，Northridge 地震中结构加速度反应记录的谱比计算结果如图 3.3-21b 所示，图中同时给出了采用两次地震中 CH03 通道单条加速度反应记录对于 CH01 通道单条加速度记录的傅里叶谱比计算结果以作对比。通过对比分析可知，两种方式得到的结构自振频率计算结果非常相近，谱比曲线在结构第一阶频率处几乎是重合的，详细数值本文不再讨论。

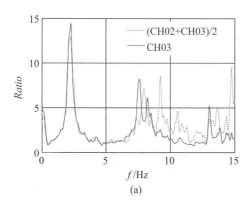 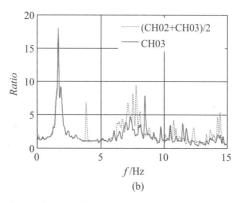

(a)　　　　　　　　　　　　　　　　(b)

图 3.3 - 21　两次地震中结构反应转移后傅里叶谱比计算结果

（a）Whittier 地震结构横向反应傅里叶谱比；（b）Northridge 地震结构横向反应傅里叶谱比

3.4　希尔伯特-黄变换

　　希尔伯特-黄变换（Hilbert-Huang Transform，简称 HHT）方法是由 Huang 等在 1998 年提出的，该方法可以说是信号处理领域的一次重要突破性变革，尤其方法提出之后，迅速在各个研究和工程领域得到了广泛的应用。在地震工程领域，一般采用 HHT 方法对强震动观测记录进行时频分析处理，得到地面地震动记录或结构地震反应记录的时频域信息。HHT方法对于处理非线性、非平稳信号有清晰的物理意义，能够得到信号的振幅-时间-频率分布特征，是一种自适应性信号处理方法。HHT 方法的核心思想是将时间序列信号通过经验模态分解（Empirical Mode Decomposition，简称 EMD），分解成数个固有模态函数（Intrinsic Mode Function，简称 IMF），然后利用希尔伯特变换构造解析信号，得出时间序列信号的瞬时频率和振幅，进而得到希尔伯特谱。

3.4.1　经验模态分解和固有模态函数

　　经验模态分解 EMD 是 HHT 分析方法的核心，其主要思路是利用时间序列信号上、下包络线的平均值确定"瞬时平衡位置"，进而提取固有模态函数（IMF）。实现步骤主要有三个：

　　（1）针对某时间序列信号 $x(t)$，首先确定出 $x(t)$ 的局部极大值点和极小值点，利用三次样条曲线插值连接局部极大值点和极小值点，分别得到极大值包络线 $x_{max}(t)$ 和极小值包络线 $x_{min}(t)$。

　　（2）然后对时间序列信号 $x(t)$ 的极大值包络线 $x_{max}(t)$ 和极小值包络线 $x_{min}(t)$ 在每个时刻取平均值，得到时间序列信号 $x(t)$ 的瞬时平均值序列 $m(t)$，如公式（3.4 - 1）所示：

$$m(t) = [x_{\max}(t) + x_{\min}(t)]/2 \qquad (3.4-1)$$

（3）最后利用原始时间序列信号 $x(t)$ 减去瞬时平均值序列 $m(t)$，得到一个去掉低频、新的时间序列信号 $h(t)$，如公式（3.4-2）所示：

$$h(t) = x(t) - m(t) \qquad (3.4-2)$$

对于不同的时间序列信号，$h(t)$ 可能是固有模态函数，也可能不是，固有模态函数 IMF 必须满足以下两个条件：①极值点数目和过零点数目相等或最多相差 1 个；②在任意时刻点，由局部极大值点和局部极小值点构成的两条包络线平均值为 0。

检查 $h(t)$ 是否满足上述两个条件，若满足，则将 $h(t)$ 作为一个固有模态函数；若不满足，则将 $h(t)$ 作为新的时间序列信号重复上述 3 个步骤，直到满足①、②两个条件为止，这样就得到了第一个固有模态函数 IMF1，以 C_1 记之。一般来说，C_1 代表了原始时间序列信号中的高频分量部分，有时也称 C_1 为原始时间序列信号的一个振动模态。将 C_1 从原始时间序列信号中分离出来，如公式（3.4-3）所示：

$$x(t) - C_1 = r_1 \qquad (3.4-3)$$

因为余数 r_1 时间序列信号中仍然包含较长周期分量，所以将 r_1 作为新的时间序列信号应用上述步骤继续进行分解处理，即公式（3.4-4）：

$$
\begin{aligned}
r_1 - C_2 &= r_2 \\
&\vdots \\
r_{n-1} - C_n &= r_n
\end{aligned}
\qquad (3.4-4)
$$

直到剩余项 r_n 变成单调函数或常数，再也没有 IMF 解析出为止。这样，经过 EMD 方法分析处理，可以从原始时间序列信号中分离出 n 个固有模态函数分量（C_1，C_2，…，C_n）和一个趋势项或常数 r_n（Res.）。值得一提的是，即使是零均值的时间序列信号，最后剩余项仍有可能不为零，因为时间序列信号都有一个趋势，而最后的余数项序列代表了整个时间序列信号的整体趋势。如果把分离出来的各个固有模态函数和最后的趋势项加起来，则得到原始时间序列信号，如公式（3.4-5）所示：

$$x(t) = \sum_{i=1}^{n} C_i + r_n \qquad (3.4-5)$$

Huang 曾指出，由于 EMD 分解的基底是后设（posteriori）的，其完整性与正交性应该在分解后检验。事实证明，因为各固有模态函数分量是从原始数据中分解出来的，所以 EMD 分解得到的各固有模态分量是具备完整性与几乎正交性的，并且分解是自适应的，特别是对于正交性而言，不是非平稳信号所必备的条件，对此 Huang et al.（1998）曾进行了详细的证明与推导，这里不再介绍。

3.4.2　希尔伯特变换和希尔伯特频谱

通过 EMD 分解得到的固有模态函数 IMF，在特点上非常适合进行希尔伯特变换，从而得到信号的瞬时频率，进一步得到希尔伯特谱。简单地说，希尔伯特变换为信号与 $1/t$ 的卷积，因此，其特点是强调信号的局部属性，这就避免了采用傅里叶变换时为拟合原始时间序列信号而产生的许多多余的、事实上有可能并不存在高低频成分。

针对固有模态函数 $C(t)$，可以进行希尔伯特变换，如公式（3.4-6）所示：

$$\hat{C}(t) = \frac{1}{\pi} PV \int_{-\infty}^{+\infty} \frac{C(\tau)}{t-\tau} \mathrm{d}\tau \qquad (3.4-6)$$

式中，PV 代表柯西主值（Cauchy Principal Value），因此定义 $C(t)$ 的解析信号为公式（3.4-7）：

$$z(t) = C(t) + \mathrm{i}\hat{C}(t) = a(t)\mathrm{e}^{\mathrm{i}\theta(t)} \qquad (3.4-7)$$

其中：

$$a(t) = \left[C^2(t) + \hat{C}^2(t) \right]^{1/2} \qquad (3.4-8)$$

$$\theta(t) = \tan^{-1} \frac{\hat{C}(t)}{C(t)} \qquad (3.4-9)$$

公式（3.4-7）、公式（3.4-8）、公式（3.4-9）是极坐标系中的表达形式，明确表达了瞬时振幅和瞬时相位，很好地反映了时间序列信号的瞬时特性。在此基础上可以定义信号的瞬时频率，如公式（3.4-10）所示：

$$\omega(t) = \frac{\mathrm{d}\theta(t)}{\mathrm{d}t} \qquad (3.4-10)$$

由上述分析可以看出，由希尔伯特变换得出的振幅和频率都是时间的函数，如果把振幅显示在频率-时间平面上，就可以得到希尔伯特谱 $H(\omega, t)$。如果将 $H(\omega, t)$ 对时间积分，就可以定义和得到希尔伯特边际谱 $h(\omega)$，如公式（3.4-11）所示：

$$h(\omega) = \int_0^T H(\omega, t)\mathrm{d}t \qquad (3.4-11)$$

　　HHT 边际谱提供了对于每个频率总振幅的量测，表达了在整个时间长度内累积的振幅。另外，作为希尔伯特边际谱的附加结果，如果将 $H(\omega, t)$ 对频率积分，可以定义为希尔伯特瞬时能量，如公式（3.4 – 12）所示：

$$IE(t) = \int_{\omega} H^2(\omega, t)\,\mathrm{d}\omega \qquad\qquad (3.4 - 12)$$

　　瞬时能量提供了时间序列信号能量随时间的变化情况，如果振幅的平方对时间积分，可以定义和得到希尔伯特能量谱，如公式（3.4 – 13）所示：

$$ES(\omega) = \int_{0}^{T} H^2(\omega, t)\,\mathrm{d}t \qquad\qquad (3.4 - 13)$$

　　希尔伯特能量谱提供了对于每个频率能量的量测，表达了每个频率在整个时间长度内所累积的能量。Huang et al.（1998，1999）指出，无论是希尔伯特边际谱（3.4 – 11）还是希尔伯特能量谱（3.4 – 13），所得到的频率与傅里叶分析中所得到的频率在物理意义上是完全不同的。

　　完整 HHT 分析方法流程如图 3.4 – 1 所示。

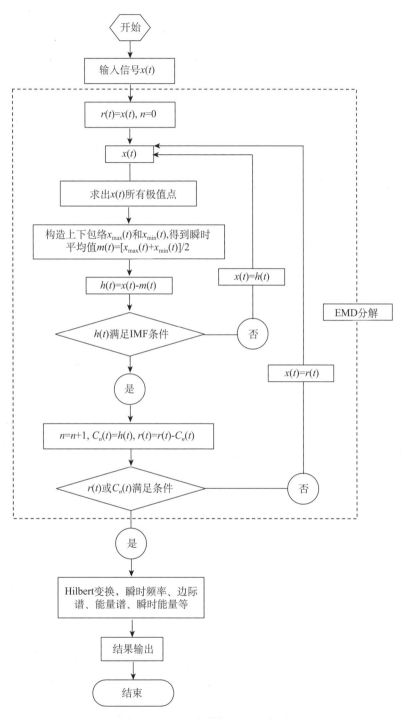

图 3.4 - 1 HHT 分析流程示意图

3.4.3　HHT 方法优越性

HHT 方法创新之处在于它没有固定的先验基底, 是自适应的, 固有模态函数是基于时间序列信号的时间特征而得出的, 不同的时间序列信号得出不同组的固有模态函数, 每一个固有模态函数可以看作是信号中一个固有的振动模态, 通过希尔伯特变换得到的瞬时频率具有清晰的物理意义, 能够表达信号的局部特征 (丁康等, 2003)。另外, HHT 方法第一次给出了固有模态函数 IMF 的定义, 指出其幅值允许改变, 突破了传统上将幅值不变的简谐信号定义为基底的局限, 使信号分析更加灵活多变。瞬时频率定义为相位函数的导数, 不需要整个波来定义局部频率, 因而可以实现从低频信号中分辨出奇异信号, 这比小波变换有了明显的进步 (仲佑明等, 2002)。另外, 利用 HHT 方法, 还可以定义时间序列信号的非平稳程度, 这也是以往傅里叶变换等方法无法实现的 (Huang et al., 1998; Huang, 2001)。因此, HHT 方法一经提出, 便迅速在涉及信号处理的各个领域得到了广泛应用, 如地球物理科学、太空科学、波动理论、损伤识别与检测等等。事实证明, HHT 分析方法对于非线性、非稳态的时间序列信号数据有着强大的处理能力, 其结果的精确度和分辨率也得到了很好的验证。目前, HHT 方法在地震工程中应用也较多, 主要应用在强震动观测资料分析、结构健康诊断、结构损伤识别与检测等等, 取得了较好的结果和效果。

不得不提, 尽管 HHT 方法具有诸多优点并在许多领域取得了很好的应用结果, 但该方法仍存在许多需要解决和完善的问题和局限, 例如 EMD 分解结果的唯一性问题、频率单元的取值问题、分解过程中数据变化剧烈处及时间序列信号两端点处的分解收敛问题以及分解收敛标准的取值问题等等, 这些问题仍需要进一步研究和解决。尽管如此, HHT 方法自发明以来已经显示了其强大的生命力及处理非线性、非平稳数据的有效力, 在地震工程领域有着很好的应用前景。

3.4.4　HHT 应用实例

在提出 HHT 方法的原始文献中, Huang et al. (1998, 1999) 曾采用各种时间序列信号为算例, 对 HHT 方法有效性及可靠性进行了详细对比分析与验证。本节只给出了两个算例, 分别简单阐述了 HHT 方法的优越性, 以及方法在结构地震反应记录处理分析中的应用过程。

算例 1 为频率发生突变的余弦波形式的时间序列信号, 其函数表达形式如公式 (3.4 - 14) 所示, 这里设定信号的采样频率为 100Hz, 单位为 s。

$$X(t) = \begin{cases} \cos(2\pi t) & 0 \leqslant t < 10 \\ \cos(4\pi t) & 10 \leqslant t \leqslant 20 \end{cases} \tag{3.4 - 14}$$

很明显, 该函数在 0~10s 内频率为 1.0Hz, 而在 10~20s 范围内为 2.0Hz, 即在 10s 时刻信号的频率发生了突变, 从 1.0Hz 突变为 2.0Hz。原始时间序列信号如图 3.4 - 2a 所示, 该原始信号经 EMD 分解后得到了一个 IMF, 即 C_1, 即原始信号本身, 因为原始信号本身就符合 IMF 的定义, 所以通过 EMD 分解后得到一个 IMF 是合理正确的, 如图 3.4 - 2b 所示, 其中残余项 Res. 为一水平直线。将得到的 IMF 经 Hilbert 变换后得到的时频谱如图 3.4 - 2c

所示，可以看出原始信号的频率随时间的变化关系，从中可以明显看出频率在 10s 处发生了突变，这是傅里叶变换方法所不能得到的结果和效果，一定程度上显示了该方法的优越性。另外，除了在时间序列信号端点及突变处频率有极小的误差外，频率随时间的变化过程还是准确和清晰的。利用公式（3.4 - 11）可以计算得到该时间序列信号的 HHT 边际谱，结果如图 3.4 - 2d 所示，图中同时给出了傅里叶变换 FFT 的分析结果——傅里叶幅值谱，通过仔细对比可以发现，两种方法处理结果虽然都得到了信号的主要频率成分，但 FFT 分析结果不如 HHT 结果在振动频率处集中，HHT 结果只在 1.0Hz 和 2.0Hz 处有值，其余各处为 0，而 FFT 分析结果频率不集中，频宽较大，具有一定能量分散。

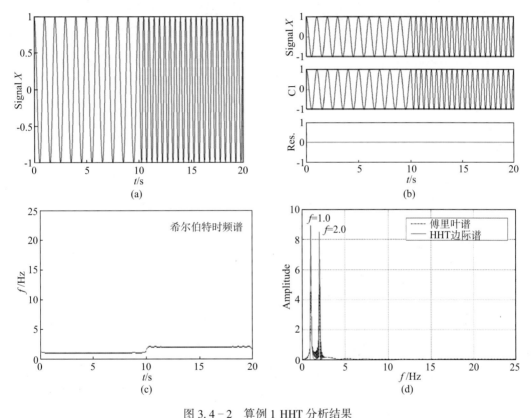

图 3.4 - 2　算例 1 HHT 分析结果

（a）原始信号；（b）EMD 分解得到的 IMF；（c）时频分布；（d）HHT 与 FFT 结果对比

　　算例 2 为某实际建筑结构地震反应记录的 HHT 分析，该建筑结构为美国的一座 7 层钢筋混凝土结构，位于美国 Van Nuys 城（Los Angeles）的 Roscoe 大街和 San Diego（I-405）高速公路附近，用途为旅馆（Van Nuys Hotel），建筑物如图 3.4 - 3 所示。该建筑结构设计于 1965 年，建成于 1966 年，建筑结构的平、立面形状规则，框架结构体系承重，基础采用桩基，其标准层平面图如图 3.4 - 4 所示。该建筑结构自建成以来，遭受过多次地震作用，尤其在 1994 年的 Northridge 地震中，遭受了较为严重的地震损伤破坏。

　　该建筑结构在 1971 年 San Fernando 地震和 1994 年 Northridge 地震中均遭受了不同程度

图 3.4 - 3　Van Nuys Hotel 建筑物

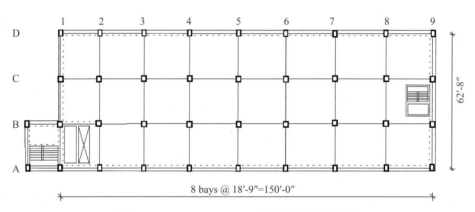

图 3.4 - 4　Van Nuys Hotel 建筑物标准层平面图

的损伤破坏，其中在 1971 年 San Fernando 地震中破坏轻微，结构北立面东端第 2 层梁柱节点轻微破坏，地震后进行了修复继续投入使用，但非结构构件破坏较广泛，主要集中在第 2、第 3 层，而第 6、第 7 层非结构物破坏较轻微。此后，该建筑结构又陆陆续续经历了 10 余次地震，特别是在 1994 年 1 月 17 日 Northridge 地震中，遭受了严重破坏，损伤比较严重之处主要集中在外部框架柱上，多处梁柱节点位置出现了较宽的剪切裂缝，柱的纵向钢筋弯曲、屈服变形十分明显。建筑物内部家具、设备和非结构构件在地震中破坏也相当广泛和严重，大量填充墙墙体普遍开裂，瓷砖从墙体上剥落（Trifunac et al., 1999; Trifunac & Hao, 2001）。

　　该建筑物最早在 1971 年 San Fernando 地震中获得了地震反应记录（Trifunac et al., 1999），但当时只安装了 3 个 AR-240 型加速度计，一个在第 1 层的东南角，一个在第 4 层的中心，另外一个在楼顶屋盖的西南角。主要强震观测系统台阵（CR-1 加速度仪）在 1987 年 Whittier-Narrows 地震以前安装，整个地震反应观测台阵由 16 个通道组成，其中 1~

13 通道仪器类型为 CR-1 型加速度仪，14~16 三个通道为 SMA-1 型号加速度仪，具体观测点位置分布及观测方向如图 3.4-5 所示。

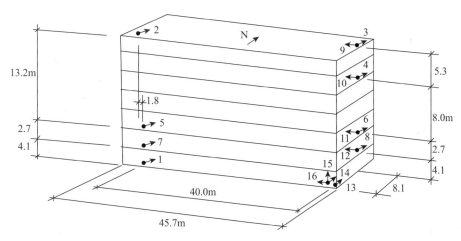

图 3.4-5 Van Nuys Hotel 强震观测系统测点布设

此建筑物强震观测系统是比较典型的传统结构强震观测台阵，强震仪测点分布在结构第 1、2、3、6 层和屋顶，建筑物东、西两侧分别安装了南北（N—S）方向的横向反应观测点，由此也可以分析和获得结构的扭转地震反应情况，而在建筑物东侧安装了东西（E—W）方向的纵向地震反应观测点，结构竖向反应观测点在一层东南角。整个建筑物完整的地震反应，包括结构东西向（纵向）水平反应、南北向（横向）水平反应、结构扭转地震反应以及竖向地震反应可以被完整地观测和记录到。该建筑物前前后后共经历了 10 余次震级大小不同的地震，其强震观测台阵均在地震中获得了结构的地震反应记录。

本节选择该建筑结构在 1994 年 Northridge 6.6 级（M_L）地震中第 3 通道（CH03）和第 9 通道（CH09）获得的地震加速度反应记录为例，进行了 HHT 分析，阐述了 HHT 方法在结构地震反应记录分析与处理方面的具体应用。

1. 结构横向地震反应记录分析

结构横向屋顶地震反应即 CH03 通道加速度反应时程如图 3.4-6a 所示，经 EMD 分解后得到 9 个 IMF 和一个残余项，如图 3.4-6b 所示，可以直观看出，EMD 首先分解出高频部分，然后分解出的各个 IMF 频率依次降低，最后残余项并不是常数，说明该加速度反应记录有一个趋势。对所分解出来的 IMF 经 Hilbert 变换后得到的幅值-频率-时间三维分布如图 3.4-6c 所示，可以看出，较大幅值主要集中在频率 10.0Hz 以下，时间 3.0~20.0s，说明结构加速度反应记录的能量主要集中在这个范围，其余部分幅值较小。边际谱计算结果如图 3.4-6d 所示，图中同时给出了该加速度反应记录时程 FFT 分析得到的傅里叶幅值谱以作对比。可以得出，在低频部分（＜0.4Hz），边际谱要比傅里叶要高，而在较高频率（＞5.0Hz）部分，边际谱要比傅里叶谱要低。无论是边际谱还是傅里叶谱，在频率大于 10.0Hz 部分幅值都非常低，也说明结构横向振动频率成分主要分布在 10.0Hz 以下。另外，由边际谱可以分析得到结构横向自振频率为 0.669Hz，而傅里叶谱分析得到结果为 0.696Hz，边际谱和傅里叶谱得到的结构自振频率稍有差别。

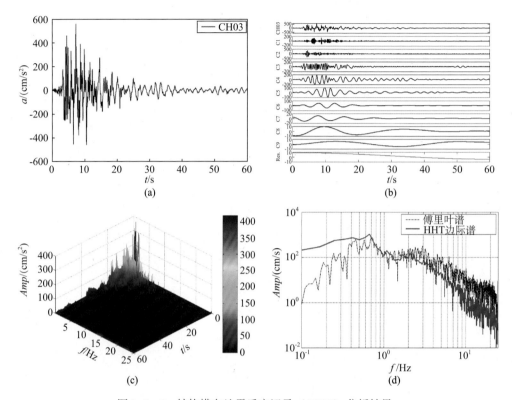

图 3.4 - 6　结构横向地震反应记录（CH03）分析结果

(a) Northridge 地震 CH03 通道记录；(b) EMD 分解结果；

(c) 时间-频率-幅值分布；(d) 边际谱和傅里叶谱对比

2. 结构纵向地震反应记录分析

结构纵向屋顶地震反应即 CH09 通道获得的加速度反应时程如图 3.4 - 7a 所示，原始加速度反应记录经过 EMD 分解后得到 9 个 IMF 和一个残余项，如图 3.4 - 7b 所示，与结构横向 CH03 通道记录的加速度反应时程分解结果相似。经 HHT 分析得到的时间-频率-幅值三维分布如图 3.4 - 7c 所示，较大幅值主要集中在频率 10.0Hz 以下，时间 3.0~20.0s，这与结构横向 CH03 通道获得的加速度反应记录分析结果相近，稍有不同的是在时间 30.0s 左右、频率 5.0Hz 以内出现了一个小的幅值集中区域，但幅值不是太高。由该条加速度反应记录通过 HHT 分析得到 HHT 边际谱以及傅里叶变换得到的幅值谱对比情况如图 3.4 - 7d 所示，由图可以看出，在低频部分边际谱的幅值比傅里叶谱高，而在高频率部分边际谱幅值比傅里叶谱低，这与结构横向加速度反应记录的分析结果趋势相同。无论是边际谱还是傅里叶谱，在频率大于 10.0Hz 部分的幅值都非常低，说明结构纵向振动频率成分也主要分布在 10.0Hz 以下。

经对 HHT 边际谱分析后，得到结构纵向自振频率为 0.583Hz，而由傅里叶谱分析后得到纵向自振频率为 0.635Hz，比 HHT 边际谱分析所得结果稍大。

通过该算例中建筑结构地震反应记录分析可以看出，采用 HHT 方法对结构地震反应记

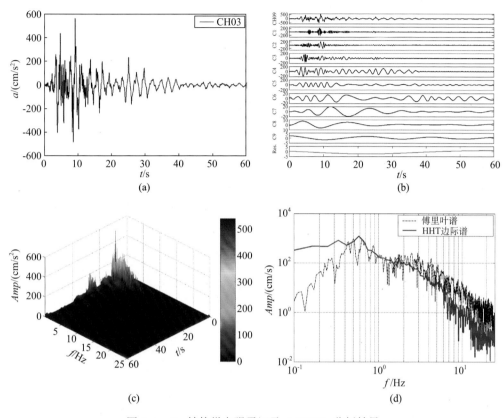

图 3.4 – 7　结构纵向强震记录（CH09）分析结果

（a）Northridge 地震 CH09 通道记录；（b）EMD 分解结果；

（c）时间–频率–幅值分布；（d）边际谱和傅里叶谱对比

录进行分析，不但可以给出结构地震反应记录的幅值–频率–时间三维分布关系，得到地震反应记录信号的能量随时间与频率的变化关系，也可得到结构主要振动频率，这是传统的傅里叶变换方法所不能取得的结果和达到的效果，所以 HHT 分析方法在结构地震反应记录分析方面，尤其是振动信号的时频分析方面，具有一定的优势和良好的发展前途。需要注意的是，由于该方法仍不太完善，分析结果可以作为其他方法分析结果的有效补充。

3.5　ARX 模型分析

ARX（Auto-Regression with eXtra inputs 或 Auto-Regression with eXogenous variables，简称 ARX，Ljung，1999，2003）模型是系统辨识领域最为简单和基础的分析模型，而系统辨识则是研究利用观测过程的输入、输出数据或所测量的数据建立动力体系数学模型的理论与方法。在地震工程领域，系统辨识理论与方法常常用来识别与确定结构各类振动特征参数，为结构振动特性分析、结构健康诊断、结构损伤识别与结构安全评估等工作提供参考依据。

3.5.1 ARX 模型介绍

ARX 模型是地震工程领域最为常用时间序列信号分析模型，对于一个结构系统而言，假定 t 时刻其输入、输出分别为 $u(t)$ 和 $y(t)$，输入、输出最基本的描述可以用如下公式 (3.5-1) 中的差分方程表示：

$$y(t) + a_1 y(t-1) + \cdots + a_n y(t-n) = b_1 u(t-1) + \cdots + b_m u(t-m) \quad (3.5-1)$$

通过简单的移项，方程 (3.5-1) 可以变换为方程 (3.5-2)：

$$y(t) = -a_1 y(t-1) - \cdots - a_n y(t-n) + b_1 u(t-1) + \cdots + b_m u(t-m) \quad (3.5-2)$$

其具体含义与假定是：结构动力系统在 t 时刻的输出可用该时刻以前 n 个输出和 m 个输入数据的线性组合表示。为推导公式及说明问题方便，引入以下两个向量，即公式 (3.5-3) 和公式 (3.5-4)：

$$\theta = \begin{bmatrix} a_1 & \cdots & a_n & b_1 & \cdots & b_m \end{bmatrix}^{\mathrm{T}} \quad (3.5-3)$$

$$\varphi(t) = \begin{bmatrix} -y(t-1) & \cdots & -y(t-n) & u(t-1) & \cdots & u(t-m) \end{bmatrix}^{\mathrm{T}} \quad (3.5-4)$$

则公式 (3.5-2) 可以改写为如下公式 (3.5-5) 所示的简洁形式：

$$y(t) = \varphi^{\mathrm{T}}(t)\theta \quad (3.5-5)$$

因此，真实输出数据或测量数据 $y(t)$ 的估计值 $\hat{y}(t)$ 依赖于此时刻以前的输入和输出数据，即公式 (3.5-4) 中已知 $\varphi^{\mathrm{T}}(t)$ 值，以及公式 (3.5-3) 中的未知系统参数 θ 值，所以 $y(t)$ 的估计值 $\hat{y}(t)$ 可以记为公式 (3.5-6)：

$$\hat{y}(t|\theta) = \varphi^{\mathrm{T}}(t)\theta \quad (3.5-6)$$

如果给定一个结构系统，参数 θ 值未知，但是测量和获得了结构的输入、输出数据 $u(t)$ 和 $y(t)$，通过使估计值 $\hat{y}(t|\theta)$ 和输出数据 $y(t)$ 最为接近，即可以估计和求出 θ 值，一般情况下采用最小二乘估计方法。

设一个结构系统的输入、输出数据有 N 个数据，即：

$$Z^N = \{u(1), y(1), \cdots, u(N), y(N)\} \quad (3.5-7)$$

即求解满足下式的 θ 参数估计值：

$$\min_{\theta} V_N(\theta, Z^N) \tag{3.5-8}$$

这里定义目标函数为：

$$V_N(\theta, Z^N) = \frac{1}{N} \sum_{t=1}^{N} (y(t) - \hat{y}(t|\theta))^2 = \frac{1}{N} \sum_{t=1}^{N} (y(t) - \varphi^{\mathrm{T}}(t)\theta)^2 \tag{3.5-9}$$

如果将未知参数 θ 的估计值为记为 $\hat{\theta}_N$，则有：

$$\hat{\theta}_N = \arg \min_{\theta} V_N(\theta, Z^N) \tag{3.5-10}$$

这里 "arg min" 的意思是最小化变量（minimizing argument），该式表示 θ 的估计值应该使 V_N 最小，就得到了其最优的估计值。公式（3.5-9）可以看出 V_N 是参数 θ 的二次方程，因此通过使其微分方程的值为 0 即可以求得估计参数，如公式（3.5-11）所示：

$$0 = \frac{\mathrm{d}}{\mathrm{d}\theta} V_N(\theta, Z^N) = \frac{2}{N} \sum_{t=1}^{N} \varphi(t)(y(t) - \varphi^{\mathrm{T}}(t)\theta) \tag{3.5-11}$$

进一步，可以求解出系统参数 θ 的估计值，如公式（3.5-12）所示：

$$\hat{\theta}_N = \left[\sum_{t=1}^{N} \varphi(t)\varphi^{\mathrm{T}}(t) \right]^{-1} \sum_{t=1}^{N} \varphi(t)y(t) \tag{3.5-12}$$

因此，一旦给定或确定了 $\varphi(t)$，即已知系统的输入和输出数据，可以根据公式（3.5-12）估计得到系统的未知参数 θ 值。

公式（3.5-1）或公式（3.5-5）所示模型是参数 θ 的线性函数，统计学中称为线性回归，向量 $\varphi(t)$ 称为回归向量，其分量称为回归量。系统辨识领域，公式（3.5-1）或公式（3.5-5）被称为 ARX 模型。此外，请注意理论上在公式（3.5-1）和公式（3.5-5）中后面还有一个噪声项 $e(t)$，上述推导公式时没有写上，主要为了便于理解方程变换。噪声项可以理解为系统参数估计值和真实值之间可能存在差别，导致 t 时刻的系统输出估计值 $\hat{y}(t|\theta)$ 与真实值 $y(t)$ 之间存在一定偏差。

一般而言，ARX 模型最简单的表示方法是使用后移算子 q^{-1} 来表达，引入后移算子后，公式（3.5-1）可以用公式（3.5-13）表示：

$$y(t) = \frac{B(q^{-1})}{A(q^{-1})} u(t) + \frac{1}{A(q^{-1})} e(t) \tag{3.5-13}$$

式中，

$$A(q^{-1}) = 1 + a_1 q^{-1} + \cdots + a_n q^{-n} \tag{3.5-14}$$

$$B(q^{-1}) = b_1 q^{-1} + \cdots + b_m q^{-m} \tag{3.5-15}$$

注意这里加入了噪声项 $e(t)$，公式（3.5-13）亦被称为 ARX 模型，这是一种最基本和最简单的系统辨识模型，系统辨识领域与之相似的分析模型还有 Output-Error（OE）模型、ARMAX 模型、FIR 模型以及 Box-Jenkins（BJ）型等等（Ljung，2003），这里对这几种模型不再展开详细描述和说明。

得到系统参数 θ 后，便可以求出系统的传递函数，如公式（3.5-16）所示：

$$G(q^{-1}) = \frac{B(q^{-1})}{A(q^{-1})} \tag{3.5-16}$$

为了进一步得到传递函数频域表示，以及求得系统的模态频率及阻尼比，需要对公式（3.5-16）进行 Z 变换（Z-Transform），将其转换到频域中（Ljung，1999，2003；傅志方、华宏星，2000），而通过求出系统的极点，即特征值 Z_r，即可以得到结构系统的第 r 阶模态频率 ω_r 和阻尼比 ξ_r，分别如公式（3.5-17）和（3.5-18）所示：

$$\omega_r = \frac{1}{\Delta t} \sqrt{\ln Z_r \ln Z_r^*} \tag{3.5-17}$$

$$\xi_r = \frac{-\ln(Z_r Z_r^*)}{2\sqrt{\ln Z_r \ln Z_r^*}} \tag{3.5-18}$$

式中，Δt 为系统即时间序列信号数据的采样时间间隔；Z_r 为系统的特征值；Z_r^* 为 Z_r 的共轭，得到频率值 ω_r 为圆频率。

由上述公式推导过程不难看出，ARX 模型理论上讲适用于线性-时不变系统的参数求解，在地震工程领域，如果建筑结构在地震中反应水平较低或未发生任何损伤破坏时，可以采用线性-时不变假定，采用 ARX 方法识别给出结构动力特性参数。如果建筑结构在地震中反应较为强烈，结构发生了强烈非线性反应及明显的损伤破坏，理论上讲 ARX 模型是不适合处理这类结构地震反应数据的。但在实际地震尤其是较为强烈的大地震中，完全符合线性-时不变系统假定的结构系统几乎是不存在的，只能近似做出线性-时不变系统假定，对结构地震反应数据进行分析处理。

3.5.2 ARX 模型应用实例

1. 建筑结构及地震反应记录

本文选择日本八户市城市厅（Hachinohe City Hall）建筑结构及其地震反应记录作为实例，说明 ARX 模型在结构参数识别中的具体应用。日本八户市城市厅为一座地面以上 5 层、地面以下 1 层地下室建筑物，建于 1981 年，钢筋混凝土结构承重体系（Kashima & Kitagawa，2006），建筑总高度为 24.8m，如图 3.5-1 所示。日本建筑研究所（Building Research Institute）在该结构上布设了地震反应观测系统，共设置 6 个通道，分别观测结构基础和顶层三个方向的地震反应。该建筑结构观测台阵建成以后，经历了多次大大小小的地震，并在地震中获得了大量结构地震反应记录。该建筑结构在 1994 年 12 月 28 日的三陆冲地震中（Sanriku-oki Earthquake，M_S＝7.5 级）发生了损伤破坏，并且经过修复后又重新投入使用。

图 3.5-1　八户市城市厅（T. Kashima 摄）

该建筑结构地震反应观测系统在该次较大的三陆冲地震主震和余震中均获得了地震反应记录。在此次三陆冲大地震之前，结构强震观测系统曾在 1994 年 10 月 9 日一次较小的地震中也获得了地震反应记录，由于地震震级较小，结构地震反应水平也较低，结构在这次小地震中没有发生任何破坏。本章主要利用大震之前小震、大震和大震之后余震三次地震中的结构地震反应记录，识别结构非时变与时变参数，并将结果进行对比分析。之所以选择这三次地震，原因就是这三次地震是时间相隔不久发生的地震，1994 年 10 月 9 日的小震（记为 EQ1）中，结构的地震反应水平非常低，中间一次地震即三陆冲地震的震级较大（记为 EQ2），结构地震反应水平也较高，而且结构也发生了地震损伤破坏，第三次地震（记为 EQ3）为 EQ2 大震的余震，结构地震反应记录水平也较低。选择这三次地震中的结构地震反应记录识别结构参数，有助于对比和了解结构在经历大震（EQ2）前后的参数变化情况，进一步可以评估建筑结构地震损伤破坏状态。在识别结构参数时，对于两次小震 EQ1 和 EQ3 中的地震反应记录，采用 ARX 模型识别了结构非时变参数并进行了对比，而对于 EQ2 大震中的地震反应记录，则采用下一节介绍的 RARX 分析模型，识别了该建筑结构的时变参数，得到了结构参数随时间的变化过程。另外同时也采用 RARX 分析模型，识别了小震中结构参数随时间变化情况，并和大震反应记录的识别结果进行了对比，阐明了结构参数在小震和大震中时变过程的差异。

2. 利用 EQ1 地震反应记录识别结构参数

本节采用 ARX 系统辨识模型，主要对结构在两次小震（EQ1 和 EQ3）中的地震反应记录进行分析，识别得到了结构的主要振动频率，并进行了对比。结构在 EQ1 中获得的加速度反应记录如图 3.5−2 所示，从图中也可以看出，结构在 EQ1 中地震反应非常小，结构基础水平方向上两个垂直分量的加速度反应最大值分别为 4.5 和 4.6cm/s^2，而相应结构顶层水平方向两个分量的加速度反应最大值分别为 18.2 和 14.1cm/s^2。另外，图中 164 和 254 分别表示强震仪器测量方向的方位角度，单位为度（°）。

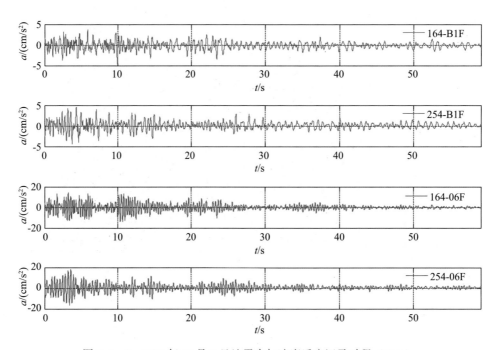

图 3.5−2　1994 年 10 月 9 日地震中加速度反应记录时程（EQ1）

采用第一次小地震 EQ1 中的地震反应加速度记录，将结构基础的地震动记录作为输入、结构顶层加速度反应记录作为输出，利用 ARX 系统辨识模型识别结构两个方向的模态频率参数及阻尼比。识别得到的反应数据和实际地震反应记录数据对比如图 3.5−3a、c 所示，各自对应的传递函数如图 3.5−3b、d 所示。由图 3.5−3 可知，结构在两个方向的自振频率分别为 3.25 和 3.26Hz，说明结构两个方向的基本振动频率相差不大，而结构两个方向的阻尼比分别为 2.72% 和 4.87%。根据识别的加速度数据和实际加速度反应记录对比来看，两者差别不大，说明识别精度还是较高的。另外，从传递函数形状来看，地震中结构第一阶振型对结构地震反应贡献比其他振型要大的多。

本文定义的误差如公式（3.5－19）所示：

$$Error = \sum_{i=1}^{n} (y(i) - \hat{y}(i))^2 / \sum_{i=1}^{n} y^2(i) \qquad (3.5-19)$$

式中，$y(i)$ 为 t 时刻实际地震反应记录数据；$\hat{y}(i)$ 为 t 时刻识别的地震反应记录数据。

从误差公式的定义来看，该误差的大小可以评估参数识别的精度，误差越小，精度越高，即误差越小，识别的反应数据越接近实际的地震反应记录数据，理想情况下，当该参数值为 0 时，识别的反应数据和实际地震反应记录完全相同。如果考虑与地震反应加速度记录的单位协调问题，也可以将该参数进行开平方运算，用来评价参数识别的效果和可靠性，其效果是一样的。

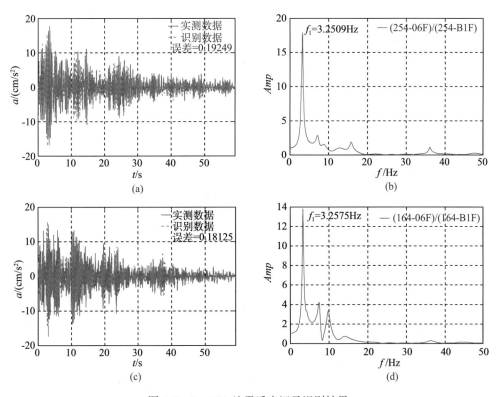

图 3.5－3　EQ1 地震反应记录识别结果

（a）识别结果和实测结果对比（254°）；（b）屋顶与基础传递函数（254°）；
（c）识别结果和实测结果对比（164°）；（d）屋顶与基础传递函数（164°）

3. 利用 EQ3 地震反应记录识别结构参数

第三次地震 EQ3 为第二次大震 EQ2 的余震，震级不大，记录到的结构地震加速度反应也较小，如图 3.5 - 4 所示，从图中也可以看出，结构基础上两个水平方向加速度反应记录的最大值分别为 5.8 和 4.7cm/s²，相应结构屋顶水平方向两个分量的加速度反应最大值分别为 16.3 和 21.1cm/s²。由于本次余震是在主震 EQ2 之后很短时间内发生的，利用该次余震中的地震反应记录识别的结构参数，应该反映了结构经历强震 EQ2 发生损伤之后的结构参数情况与结构振动特性。

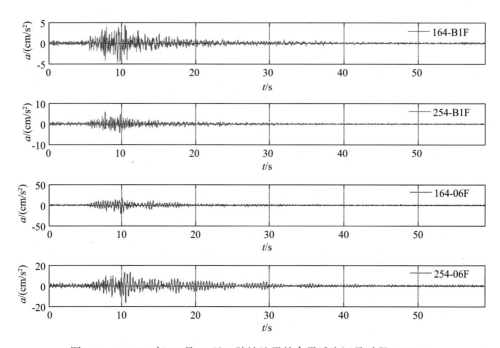

图 3.5 - 4　1994 年 12 月 28 日三陆冲地震的余震反应记录时程（EQ3）

利用结构台阵在 EQ3 中获得的地震加速度反应记录识别结构参数，识别得到的反应时程记录和结构实际地震反应记录对比以及识别得到的传递函数如图 3.5 - 5 所示。由识别结果可知，利用 254°方向地震反应记录识别的结构自振周期为 2.66Hz，阻尼比为 2.96%，与之垂直的 164°方向上识别的结构自振周期为 2.78Hz，阻尼比为 4.88%。利用该次余震中获得的结构地震反应记录识别的结果代表了结构经历大震 EQ2 发生损伤后的结构参数情况及振动特性。

4. 两次小震反应记录识别结果对比

因为这两次小震是在大震 EQ2 前后发生的，所以识别结果分别代表了结构经历大震发生损伤破坏前后的两种状态，可以通过这两次小震反应记录识别结构大震前后的结构参数并进行对比，从而确定结构地震损伤及大小，大震前的小震记录识别结果代表结构完好状态时的振动特性，较小余震记录的识别结果则代表结构发生地震损伤后的状态参数与振动特性。

利用两次小地震中的结构地震反应记录识别的传递函数对比结果如图 3.5 - 6 所示，可以得到结构经历大震 EQ2 前后的频率参数变化情况，通过该变化情况可以确定结构在大震中的损伤状态。这里将频率轴范围取为 0 ~ 10Hz，一是为了更清楚地显示对比效果，二是因

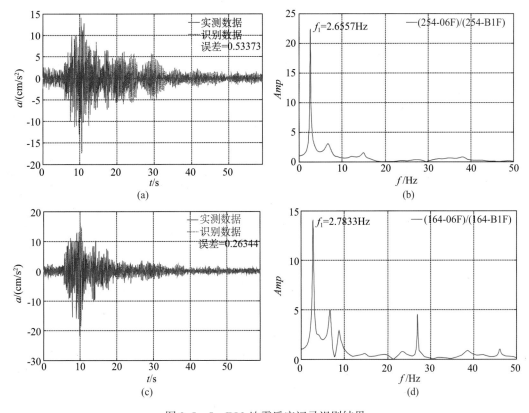

图 3.5－5　EQ3 地震反应记录识别结果

（a）识别结果和实测结果对比（254°）；（b）屋顶与基础传递函数（254°）；

（c）识别结果和实测结果对比（164°）；（d）屋顶与基础传递函数（164°）

为结构第一阶振型对结构地震反应起到主要贡献，相比而言其他高阶振型对结构地震反应贡献较小，除了第一阶模态频率外，其他高阶模态频率的幅值较小。

　　通过对比可以发现，结构经历大地震之前，结构两个方向的自振频率基本相同，经历大震后两个方向的自振频率都有所下降，但下降幅度不同。对比 EQ1 反应记录和 EQ3 反应记录的识别结果可以发现，经历中间的大震 EQ2 后，结构两个方向的自振频率分别下降了 18.15% 和 14.72%。结构经历大震发生损伤后阻尼比有所增加，两个方向阻尼比分别增加了 8.82% 和 0.21%，增加都不是很多。从识别的结构振动频率参数可以初步判断，结构在大震 EQ2 中发生了损伤破坏，这与震害调查结果是一致的。另外，从识别结果可以推断，结构自振频率下降，说明结构刚度在地震中发生了下降，在短时间内其他条件变化不大的情况下，必然是结构发生了地震损伤而导致结构刚度下降。另外，从结构自振频率的下降幅度和阻尼比的增加幅度来看，结构发生的地震损伤应该不是很严重，相当于轻微破坏程度。

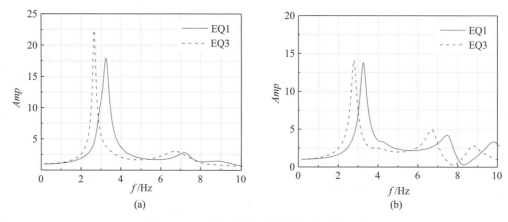

图 3.5 – 6　两次小震记录识别传递函数对比
(a) 254°方向传递函数识别结果；(b) 164°方向传递函数识别结果

3.6　RARX 模型分析

对于一个结构系统而言，在外部荷载作用下，尤其在震级较大的地震荷载作用下，往往不是线性–时不变系统，如在大地震作用下，结构系统的参数可能会发生变化，成为一个非线性–时变系统。此时采用 ARX 模型方法，将结构系统假定为线性–时不变系统，尽管也可以求出结构系统参数，但不能反映出结构系统参数的时变特性。研究强烈地震过程中建筑结构参数的时变特性，对于观察结构参数随输入地震动强度变化而变化的规律和根据结构地震反应记录评估建筑结构的抗震能力与地震地震损伤，具有十分重要的意义。为此，这里介绍一种 RARX 系统辨识算法。

3.6.1　RARX 模型介绍

从本质上讲，RARX 系统辨识模型是一种递归式的 ARX 模型方法（Recursive Auto-Regression with eXogenous variables，简称 RARX），实际上是采用递归式最小二乘（Recursive Least Squares，简称 RLS）算法，即利用 RLS 算法估计 ARX 模型的参数，可以得到系统参数随时间的变化关系与过程。在这种情况下，将 ARX 模型中系统参数改为随时间变换的参数，即公式（3.5 – 1）或公式（3.5 – 5）被改写为：

$$y(t) = \varphi^{\mathrm{T}}(t)\theta(t) + e(t) \tag{3.6 – 1}$$

注意原公式中系统参数 θ 变为了 $\theta(t)$，成为了与时间有关的参数，估计出了 $\theta(t)$ 便得到了系统参数的时变特性。与估计非时变参数 θ 使用的最小二乘方法不同，这里使用 RLS 自适应最小二乘算法。

RLS 算法是一种考虑指数加权的最小二乘算法，在这种算法里面，使用公式（3.6 – 2）

所示的指数加权的误差平方和作为优化指标函数, 即:

$$V_t(\theta) = \sum_{k=1}^{t} \beta(t, k) \left| y(k) - \theta^{\mathrm{T}} \varphi(k) \right|^2 \qquad (3.6-2)$$

$$\beta(t, k) = \prod_{j=k+1}^{t} \lambda(j) \qquad (3.6-3)$$

公式 (3.6-3) 中, λ 被定义为遗忘算子, 取值为 $0 < \lambda < 1$, 其作用是对距离 t 时刻越近的误差加比较大的权重, 对距离 t 时刻越远的误差加较小的权重。换句话说, λ 对各个时刻的误差有一定的遗忘作用, 故称之为遗忘算子。从这个意义上来讲, 若 $\lambda \equiv 1$, 相当于各个时刻的误差被 "一视同仁", 即无任何遗忘功能, 或者说具有无穷记忆功能, 此时指数加权的最小二乘算法退化为一般的最小二乘算法; 反之, 若 $\lambda = 0$, 则只有对现时刻的误差起作用, 而过去时刻的误差被完全遗忘, 起不到任何作用。在非平稳环境中, 为了跟踪系统参数的变化, 这两个极端的遗忘算子都是不合适的 (张贤达, 2002)。

根据 RLS 算法, 可以得出 $\theta(t)$ 的估计参数, 如公式 (3.6-4) 所示:

$$\hat{\theta}(t) = \hat{\theta}(t-1) + P(t) \varphi(t) \varepsilon(t) \qquad (3.6-4)$$

式中,

$$\varepsilon(t) = y(t) - \varphi^{\mathrm{T}}(t) \hat{\theta}(t-1) \qquad (3.6-5)$$

$$P(t) = \frac{1}{\lambda} \left[P(t-1) - \frac{P(t-1)\varphi(t)\varphi^{\mathrm{T}}(t)P(t-1)}{\lambda(t) + \varphi^{\mathrm{T}}(t)P(t-1)\varphi(t)} \right] \qquad (3.6-6)$$

关于遗忘算子 $\lambda(t)$, 一般情况下, 可以将其取值为常数, 取值范围一般为 $0.95 \sim 0.99$。而当 $\lambda(t)$ 取值为常数时, $\beta(t, k)$ 可以做如下简化 (Ljung, 1999):

$$\beta(t, k) = \prod_{j=k+1}^{t} \lambda(j) = \lambda^{t-k} = e^{(t-k)\log(\lambda)} \approx e^{-(t-k)(1-\lambda)} \qquad (3.6-7)$$

在此基础上, 可以定义记忆时间常数:

$$T_0 = \frac{1}{1 - \lambda} \qquad (3.6-8)$$

由 (3.6-8) 可以得出, λ 值越大, 即越接近于 1, 则 T_0 越大, 这意味着 t 时刻与 t 以前的数据关系比值也越高。若 λ 选择在 $0.95 \sim 0.99$，则相应的记忆最近测量的点数为 $20 \sim 100$，Ljung（1999，2003）曾建议典型的 λ 取值范围为 $0.98 \sim 0.995$。

　　张贤达（2002）曾经指出：RLS 自适应算法使用的确定性线性回归模型是 Kalman 滤波算法的一种特殊无激励状态空间模型，对此也做了较为详细的说明和解释。因此，可以说 RLS 算法是卡尔曼滤波方法的一个特例，假设要被识别的系统可以描述为：

$$\left. \begin{array}{l} \theta(t+1) = \theta(t) + w(t) \\ y(t) = \varphi^{\mathrm{T}}(t)\theta(t) + e(t) \end{array} \right\} \qquad (3.6-9)$$

　　公式中，$w(t)$ 用来模拟参数的改变，假定一单输入单输出（SISO）系统，噪声 $w(t)$ 和噪声 $e(t)$ 为高斯白噪声，其方差矩阵分别为 $R_1(t)$ 和 $R_2(t)$，利用卡尔曼滤波（Ljung，1999），可以求解系统参数 $\theta(t)$ 估计值，如公式（3.6-10）所示：

$$\hat{\theta}(t) = \hat{\theta}(t-1) + K(t)(y(t) - \varphi^{\mathrm{T}}(t)\hat{\theta}(t-1)) \qquad (3.6-10)$$

式中，

$$K(t) = \frac{P(t-1)\varphi(t)}{R_2(t) + \varphi^{\mathrm{T}}(t)P(t-1)\varphi(t)} \qquad (3.6-11)$$

$$P(t) = P(t-1) - \frac{P(t-1)\varphi(t)\varphi^{\mathrm{T}}(t)P(t-1)}{R_2(t) + \varphi^{\mathrm{T}}(t)P(t-1)\varphi(t)} + R_1(t) \qquad (3.6-12)$$

　　得到系统时变参数 $\theta(t)$ 在每个时刻的估计值后，便可以利用公式（3.5-16）、公式（3.5-17）和公式（3.5-18）求解出结构的传递函数、振动频率及阻尼比，并且得到的参数结果是随时变化的。

　　采用上述公式（3.6-4）估计得到的系统参数是随时间变化参数，即采用 ARX 模型的形式，而采用递归（Recursive）最小二乘方法求出系统参数，因此，称之为 RARX 模型。该模型比较适合处理结构地震反应等这种非线性-时变反应数据，得到结构参数在地震中随时间的变化趋势。

　　从上述推导可以看出，该模型是一种线性-时变系统分析方法，通过将系统参数设为随时间变化的值来模拟实际非线性-时变反应系统，对于土木工程结构识别而言，这种假定是合理的。因为如果将结构系统直接认为是非线性-时变系统，则分析将会十分复杂，另外对于非线性结构系统而言，分析其模态频率等参数意义也不大。因此，完全可以将线性-时变反应系统来代替实际的非线性-时变反应系统，来模拟结构地震反应数据，得到结构的系统参数。对于建筑结构而言，采用这种线性-时变反应系统分析方法，通过观测得到的结构地震反应记录，可以识别与确定地震中结构参数随时间的变化情况，尤其当结构地震反应较为强烈时方法更为实用，可以确定结构参数随时间的变化特征与趋势。

3.6.2 RARX 模型应用实例

本节仍采用日本八户市城市厅（Hachinohe City Hall）建筑结构，说明结构时变参数的识别过程。根据利用大震前后两次小震中的地震反应记录识别结果对比可知，该建筑结构在第二次大地震 EQ2 中发生了损伤破坏，但不清楚结构是在大震中什么时刻发生破坏的，甚至如果没有大震之前和之后的小震反应记录识别结果对比，更不知道结构已经发生了地震损伤破坏。或者说当结构只经历一次地震获得了一次地震反应记录时，此时没有结构损伤前后的小震记录识别的结构参数对比，如何确定结构损伤是一个值得研究的问题。因此，为了识别结构地震损伤情况，仅仅识别结构的非时变参数是远远不够的，还要研究和分析结构参数在地震中的变化情况。

鉴于此，本文采用在线递归式的 RARX 模型，对结构在大震 EQ2 中的加速度反应记录进行了分析，识别了结构的时变参数，得到了结构地震损伤发生的时刻以及结构振动参数随时间的变化趋势。RARX 模型方法的优点在于不需要整个反应时程数据即可识别结构参数，对非时变系统和时变系统都同样适用，也不需要小震记录识别结果作对比即可判断损伤，也就是说不需要小震中反应记录而仅通过一次大震反应记录即可确定结构完好状态时和损伤以后的结构参数。另外，为了详细研究结构参数在小震和大震中变化情况异同，除了对大震中的地震反应记录分析识别结构时变参数外，本文对小震中的反应记录也进行了分析，得到了小震中结构参数随时间的变化情况，并对两个结果进行了对比，阐述了小震和大震中结构参数的变化规律与趋势。

1. 结构大震反应记录

建筑结构在 1994 年 12 月 28 日三陆冲地震中（EQ2）中获得地震反应加速度反应记录时程如图 3.6-1 所示，从图中可以看出，结构在该次地震中的加速度地震反应较大，结构基础水平方向上两个垂直分量的加速度反应最大值分别为 415.86 和 319.74cm/s^2，相应顶层水平方向两个分量的加速度反应最大值分别为 962.58 和 718.21cm/s^2。

2. 大震中结构时变参数识别

通过结构经历大震前后小震中记录分析可知，结构在大震中发生了损伤破坏，也就是说地震中结构参数是发生时变的。通过 RARX 方法对结构两个方向的地震反应记录进行分析与识别，得到识别结果如图 3.6-2 所示。图 3.6-2a、c 分别给出了结构两个方向识别的记录与实际观测的加速度反应记录对比，从对比结果可以看出，因为是在线的系统辨识方法，识别误差较小，精度较高。图 3.6-2b、d 给出了建筑结构两个方向的自振频率在地震中随时间的变化情况，从中可以推断出结构在该次大地震中的损伤过程，当输入地震动幅值的增加到一定程度后，结构开始发生地震破坏，而随着地震的结束，地震动幅值逐渐减弱，也就停止了损伤破坏。

从识别结果可以看出，地震中结构自振频率呈阶梯状逐步下降，下降到最低点后，随着地震的结束及地震动幅值的减小，自振频率有所恢复，但地震结束后不能恢复到结构初始状态值，说明遭受地震损伤的结构在地震结束后，性能比最危险状态时会有所恢复。可以推断，结构在经历大地震发生损伤时，会存在一个最危险的状态，这个状态一般出现在地震动

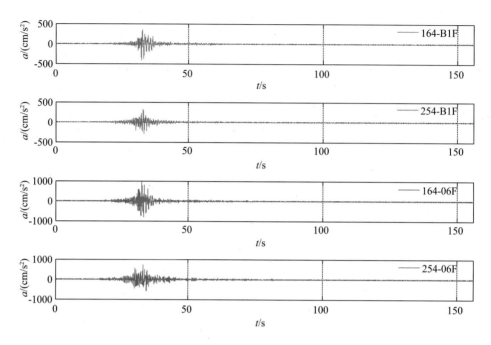

图 3.6 - 1   三陆冲地震中结构加速度反应时程（EQ2）

幅值较大处。从识别的时变自振频率具体数据可以看出，该次地震中结构大约在 20s 左右开始发生损伤，而在 38s 左右停止了损伤，该时间段内结构处于最危险状态，从结构地震反应加速度记录来看，这也是输入地震动和结构地震反应较大的一个时间段。这个时间段之后，结构自振频率开始逐渐恢复，直到地震结束，但远远没有恢复到初始状态水平。

从以上对结构参数识别结果分析可知，结构在该次大震 EQ2 地震中发生了损伤破坏，也就是说，如果结构只获得了一次地震反应记录即 EQ2 中的地震反应记录，如果利用非时变参数识别方法，是无法判别结构在地震中是否发生损伤破坏的。但是利用时变参数识别方法，在识别得到结构时变参数后，可以将结构的时变参数进行分段分析，得到结构发生损伤破坏前后的振动参数，从而检查结构参数变化情况。一般可以将地震反应刚刚开始一段数据的识别结果看作结构完好的初始状态参数，而将地震反应快要结束时的最后一段记录的识别结果看作结构发生损伤破坏后的状态参数，这样通过对比时变参数的首尾结果，可以确定结构损伤破坏情况。就该建筑结构来讲，只根据采用一次地震即 EQ2 中的反应记录识别结果分析，与结构初始状态的自振频率相比，结构两个方向的自振频率在最低点时分别下降了 20.89% 和 23.34%，而在地震结束后最终结构两个方向的自振频率分别下降了 13.61% 和 19.31%，根据结构自振频率下降结果可以判断结构发生了地震损伤破坏。

3. 小震中结构时变参数识别

为了查看结构振动参数在小震中有无变化，本文也采用两次小震中的加速度反应记录，利用 RARX 模型方法进行了分析，得到了结构自振频率在小震中的变化趋势。利用第一次小震 EQ1 中结构地震反应记录识别的结构两个方向的振动频率参数结果如图 3.6 - 3 所示。

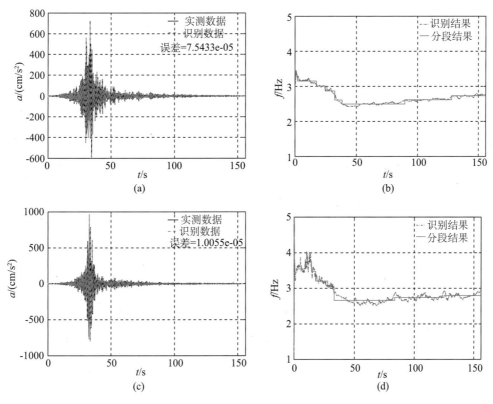

图 3.6－2　大震（EQ2）反应记录数据识别结果

（a）识别结果和实测结果对比（254°）；（b）自振频率随时间变化过程（254°）；
（c）识别结果和实测结果对比（164°）；（d）自振频率随时间变化过程（164°）

从结构两个方向的自振频率来看，除了记录开始处因数据较少结果不稳定外，达到稳定后，整个地震过程中结构自振频率没有发生变化，为一条直线。根据此结果可以判定结构在该次 EQ1 地震中没有发生破坏，自振频率达到平稳后，结构两个方向分别为 3.22 和 3.32Hz，与前一节中采用 ARX 方法识别得到的结构两个方向自振频率相差不大。

　　大地震 EQ2 之后，曾发生了数次震级较小的余震，为了验证大震 EQ2 中反应数据的识别结果，并查看在余震中结构参数的变化情况，本文也采用 RARX 模型方法对大震之后第一次余震（EQ3）中的地震反应记录进行了分析，识别了结构自振频率参数，识别结果如图 3.6－4 所示。由图可知，采用该次余震中地震反应记录的识别结果和第一次小震记录识别结果相似，结构的自振频率在整个地震过程中没有发生变化，结构自振频率与大震结束时相对应的自振频率相差不大，从而也验证了 EQ2 地震反应记录识别结果的正确性，同时也验证了大震后的小震反应记录识别结果可以看作是结构损伤后参数的论断。根据识别结果，结构两个方向对应的自振频率分别为 2.78 和 2.89Hz，与采用 ARX 方法识别的非时变参数相差不大。与采用 EQ1 中的地震反应记录识别结果相比，结构两个方向的自振频率分别下降了 13.66% 和 12.95%，可以推断该建筑结构是在第二次 EQ2 较大地震中发生了损伤破坏，而在前后两次小震中均没有发生损伤破坏。

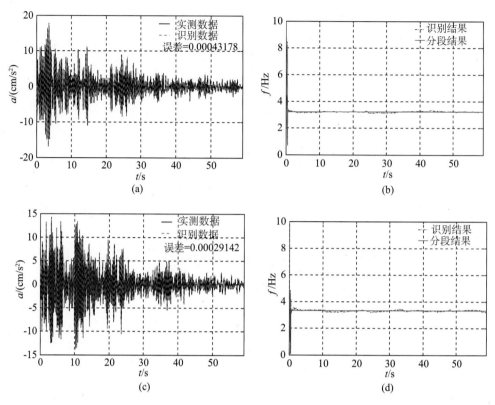

图 3.6 - 3 EQ1 数据识别结果

(a) 识别结果和实测结果对比 (254°); (b) 自振频率随时间变化过程 (254°);
(c) 识别结果和实测结果对比 (164°); (d) 自振频率随时间变化过程 (164°)

从以上算例分析可知，可以利用 RARX 模型方法仅通过结构的一次地震反应记录，即可同时得出结构完好状态和损伤后的振动特征参数，也可以得到参数在整个地震过程中的变化情况和趋势，即可以判别结构损伤的发生而不需要大震前后的小震记录识别结构完好状态和损伤后状态的参数。从这个意义上来讲，在线的实时识别方法在探测损伤方面比离线参数识别方法具有一定优势，特别是当结构仅仅获得到了一次地震反应记录的时候。在线识别方法也有一些本身固有的缺点：如果结构在地震发生后很快发生损伤，即用来识别结构完好状态参数的数据点过少时，识别出的结构损伤前的振动参数可能有较大的误差。另外，由于是在线识别方法，计算效率比离线的参数识别方法稍低。

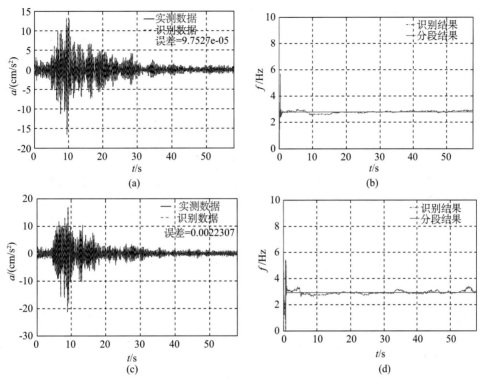

图 3.6 - 4　EQ3 数据识别结果

(a) 识别结果和实测结果对比（254°）；（b) 自振频率随时间变化过程（254°）；
(c) 识别结果和实测结果对比（164°）；（d) 自振频率随时间变化过程（164°）

3.7　小结

本章首先介绍了结构地震反应记录常用的时域及频域分析与处理方法，包括观测记录的数值积分、数字滤波、傅里叶变换，通过这些技术方法，可以对结构在地震中反应记录进行处理，得到速度、位移反应时程及频域振动特征。然后介绍了 HHT 分析方法，可以得到结构地震反应记录的时频变化特征。最后给出了比较简单的结构非时变及时变参数系统辨识方法，可以识别得到结构模态参数及模态参数随时间的变化关系与趋势，以供结构地震损伤评估等工作参考。

参 考 文 献

大崎顺彦著，田琪译，2008，地震动的谱分析入门，北京：地震出版社

丁康、陈健林、苏向荣，2003，平稳和非平稳振动信号的若干处理方法及发展，振动工程学报，16（1）：1~10

傅志方、华宏星，2000，模态分析理论与应用，上海：上海交通大学出版社

张贤达，2002，现代信号处理，北京：清华大学出版社

仲佑明、秦树人、汤宝平，2002，一种振动信号新变换法的研究，振动工程学报，15（2）：233~238

周雍年，2011，强震动观测技术，北京：地震出版社

Bommer J, Boore D M, 2005, Commentary on Guidelines and Recommendations for Processing Strong-Motion Records, Guidelines and Recommendations for Strong-Motion Record Processing, COSMOS Publication

Converse A M, Brady A G, 1992, BAP: Basic Strong-Motion Accelerogram Processing Software, Version 1.0, United States Department of the Interior Geological Survey, America

Huang N E, Shen Z, Long S R et al., 1998, The Empirical Mode Decomposition and Hilbert Spectrum for Nonlinear and Non-stationary Time Series Analysis, Pro. R. Soc. London, 454: 903 – 906

Huang N E, Shen Z and Long S R, 1999, A New View of Nonlinear Water Waves: the Hilbert Spectrum, Annu. Rev. Fluid Mech., 31: 417 – 457

Huang N E, 2001, HHT: A Review of the Methods and Many Applications for Nonsteady and Nonlinear Data Analysis, World Multiconference on Systemics, Cybernetics and Informatics (SCI 2001) v. 17: Cybernetics and Informatics: Concepts and Applications pt. 2

Kanasewich E R, 1981, Time Sequence Analysis in Geophysics, The University of Alberta Press, Edmonton, Alberta

Kashima T and Kitagawa Y, 2006, Dynamic Characteristics of Buildings Estimated from Strong Motion Records, Proc. 8th U. S. National Conference on Earthquake Engineering, San Francisco, California, USA, Paper No. 1136

Ljung L, 1999, System Identification —Theory for the User, 2nd ed, PTR Prentice Hall, Upper Saddle River, N. J.

Ljung L, 2003, System Identification Toolbox User's Guide, The MathWorks, Inc. 3 Apple Hill Drive Natick, MA

Losada R A, 2008, Digital Filters with MATLAB, The MathWorks, Inc

Mollova G, Scherbaum F, 2007, Influence of Parameters Selection in Chebyshev Filters on the Strong Motion Data Processing [J], Bulletin of Earthquake Engineering, 5: 609-627

Trifunac M D and Hao T Y, 2001, 7-storey Reinforced Concrete Building in Van Nuys, California: Photographs of the Damage from the 1994 Northridge Earthquake, University of Southern California, Department of Civil Engineering, Report CE 01 – 05

Trifunac M D, Ivanovi S S and Todorovska M I, 1999, Seven Story Reinforced Concrete Building in Van Nuys, California: Strong Motion Data Recorded between 7 Feb. 1971 and 9 Dec., 1994, and Description of Damage Following Northridge 17 January 1994 Earthquake, Dept. of Civil Eng. Rep. CE 99-02, Univ. of Southern California, Los Angeles, California

Trifunac M D, Lee V W, 1973, Routine Computer Processing of Strong-Motion Accelerograms, Earthquake Engineering Research Laboratory, Report EERL 73-03, Pasadena

第四章 结构强震观测记录分析

4.1 引言

结构强震观测台阵在地震中获得结构地震反应记录后，最直接应用是根据记录到的结构加速度反应记录，分析结构各类地震反应参数或结构振动特性，进而分析结构地震反应特征，评价结构地震性态，评估结构抗震性能。本章主要通过两个实例，给出了结构地震反应记录综合分析与处理流程，以及结构各类反应参数及振动特性参数计算过程。

4.2 常规结构反应特征分析

4.2.1 结构概况及台站布设

在前述第二章介绍典型结构强震观测台阵时，曾提到美国 Atwood 大厦层间位移观测台阵，本章以此建筑结构为例，详细介绍了利用结构强震观测记录分析结构层间位移、扭转反应等地震反应特点以及结构振动特性过程。Atwood 大厦位于美国地震高危险区的阿拉斯加州 Anchorage 市，根据美国 UBC-79 规范设计并建成于 1980 年，为一座 20 层抗弯钢框架结构，地下 1 层地下室，如图 4.2-1 所示，该建筑物用途为办公楼，地下 1 层为停车场。建筑结构平立面比较规则，平面尺寸约为 39.62m×39.62m（尺寸由英制尺寸转换而来，下同），总高度（不含地下室）约为 80.54m，地下室高约为 3.45m，第 1 层层高约为 5.18m，第 2~18 层层高约为 3.86m，第 19 层层高约为 4.17m，第 20 层（顶层）层高约为 5.56m（Celebi，2006）。

美国 USGS 在该建筑结构布设了由 28 个测点（53 个通道）组成的地震反应监测系统，其中 21 个测点（32 个通道）用于观测主体结构的地震反应，7 个测点（21 个通道）用于观测建筑结构附近的地表和地下土层（井下）地震动。该结构台阵是一个典型的可以实现观测结构层间位移、土-结构相互作用等功能的综合型地震反应监测台阵，整个结构观测台阵的测点与通道设置情况如图 4.2-2 所示，自由场地和井下观测测点的布设情况可以参考第二章相关内容。

2018 年 11 月 30 日 17：29（UTC），美国 Anchorage 市附近发生 M_W7.0 地震（Point MacKenzie Earthquake），震中位于 Anchorage 市以北约 11km，震源深度约为 46km，震后数小时内，接连发生了 40 多次余震，最大余震震级在 5.0 以上。该结构地震反应观测台阵在主震及余震中均获得了地震反应记录，本节主要以主震中结构加速度地震反应观测数据为例，详细分析了该建筑结构的地震反应特点以及结构振动特征参数。

图 4.2 - 1　美国阿拉斯加州 Anchorage 市 Atwood 大厦（USGS）

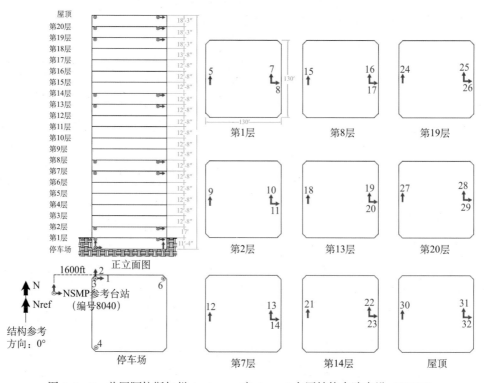

图 4.2 - 2　美国阿拉斯加州 Anchorage 市 Atwood 大厦结构台阵布设（USGS）

4.2.2　结构加速度反应分析

建筑结构获得加速度地震反应记录后,首先要对加速度记录进行校正处理和积分运算,得到结构速度响应和位移响应时程,通过查看和分析结构的加速度或位移反应情况,初步确定结构地震反应的大小和水平(注:本算例采用的结构加速度和位移地震反应记录为 USGS 处理结果)。对该建筑结构而言,其各层加速度反应峰值如表 4.2-1 所示,表中未给出地下室竖向测点的记录结果。表中楼层一列表示测点所在的具体楼层位置,其中 -1 表示地下室地面观测点,0 表示结构第 1 层地面观测点,1 为结构第 1 层顶部即 2 层楼板观测点,依次类推,20 为楼顶屋面观测点,通道号与图 4.2-2 中对应,地下室水平反应观测点设置在西北角,与上部各楼层的观测点在竖向不在一条垂线上。另外,第 3、第 4 和第 6 通道为设置在地下室地面的竖向反应观测点,表中未给出具体的加速度峰值,这三个通道的竖向地震动特征在后续分析中单独讨论。

表 4.2-1　结构水平地震反应加速度峰值

楼层	南北向 NS				东西向 EW	
	西侧通道	加速度峰值 (cm/s²)	东侧通道	加速度峰值 (cm/s²)	通道	加速度峰值 (cm/s²)
20	30	369.22	31	397.64	32	436.64
19	27	220.23	28	261.65	29	322.77
18	24	207.06	25	180.82	26	222.55
13	21	162.45	22	178.98	23	229.19
12	18	175.25	19	172.8	20	242.12
7	15	222.27	16	277.22	17	349.84
6	12	221.59	13	272.25	14	305.02
1	9	169.08	10	322.92	11	272.39
0	5	164.69	7	232.35	8	218.68
-1	2	159.53	-	-	1	203.14

由表 4.2-1 可以初步分析结构加速度反应大小及特征,结构地下室地面 NS 方向水平地震反应加速度峰值为 159.53cm/s²,东西向为 203.14cm/s²,即地面最大反应约为 0.2g。结构第 1 层地面 NS 方向,西侧测点和东侧测点加速度峰值分别为 164.69 和 232.35cm/s²,东西两侧反应不一致,差别较大,而结构屋顶 NS 方向,西侧测点和东侧测点加速度峰值分别为 369.22 和 397.64cm/s²,东西两侧加速度反应也不一致,说明建筑结构在地震中发生了扭转反应。特别是结构第 2 层西侧的加速度反应峰值为 169.08cm/s²,而东侧加速度反应峰值则达到了 322.92cm/s²,这也是在所有被观测楼层中结构东西两侧 NS 向水平反应差别最大的楼层,可以判断该楼层发生的扭转地震反应最为强烈。结构屋顶东西方向水平加速度反应

峰值为 436.64cm/s²，大于结构屋顶南北向的加速度反应峰值，也是结构所有观测点中加速度反应最大的位置。

　　整个建筑结构的水平加速度反应峰值沿结构高度方向分布如图 4.2-3 所示，由图可知，结构的地震反应加速度峰值沿高度方向由下往上没有呈现递增趋势，中间第 13、第 14 层位置，即结构高度约 2/3 处加速度反应相对较小，初步判断应该是由结构的高阶模态振型影响所致，即高阶振型如第二阶振型参与地震反应较多，使得结构高度 2/3 处的地震反应较小，这和高层结构地震反应特点是一致的。

　　另外，建筑结构地下室的水平方向加速度峰值与第 1 层地面的加速度峰值稍有差别，说明尽管土层对结构地下室有一定嵌固作用，但还是会发生相对反应，也可能是因为测点在垂直方向分布不一致导致。地下室地面水平向观测点设置在结构西北角位置，这也是该结构强震观测台阵布设的不足之处，最为合理的布设方式是测点位置尽量位于结构竖向同一条垂线上。

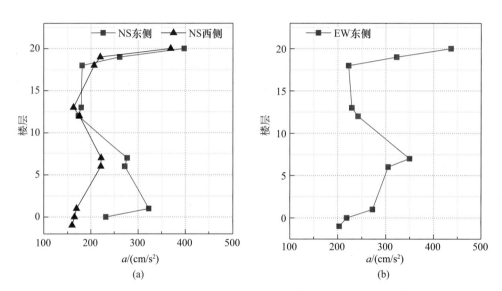

图 4.2-3　结构各层加速度地震反应峰值沿结构竖向分布

(a) 结构 NS 向各层加速度峰值；(b) 结构 EW 向各层加速度峰值

　　对于结构竖向地震反应而言，只有地下室三个角部位置布设了观测点，只能得到该三个测点的竖向地震反应。结构地下室地面竖向反应加速度峰值和位移反应峰值如图 4.2-4 所示，图中 WN、WS、EN 分别表示结构西北角、西南角和东北角，即第 3、第 4、第 6 通道。由图可知，结构西北角竖向加速度峰值要明显大于西南角和东北角位置，但三个测点位置的竖向位移反应峰值相差不大，均在 3.2cm 左右。这种结构底层不同位置的竖向地震反应大小不同，也在一定程度上反映了土和结构之间存在一定的相互作用。另外，本建筑结构强震观测台阵在结构屋顶没有设置竖向反应测点，因此无法分析整栋大楼的竖向地震反应特征，这也是本结构强震观测台阵布设的另外一个不足之处，最为理想的布设方案是在结构屋顶也设置竖向地震反应观测点。

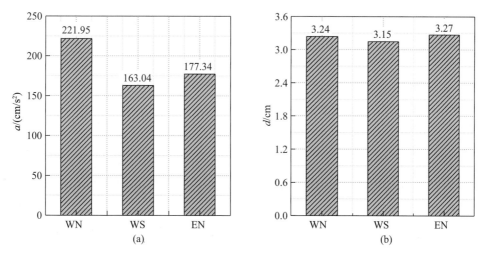

图 4.2 – 4　结构竖向加速度和位移地震反应峰值
（a）地下室竖向峰值加速度；（b）地下室竖向峰值位移

4.2.3　结构层间相对位移分析

前文第二章曾提到，该建筑结构地震监测系统是一个典型的结构层间位移观测台阵，对于结构层间位移求解和计算而言，首先将结构相邻层的加速度记录通过二次积分得到位移反应时程，然后通过简单的减法运算处理，便可以得到结构的层间相对位移，最后将结构层间相对位移与结构层高做比值处理，便可以得到结构该层的层间位移角时程。对于建筑结构而言，结构地震损伤破坏程度与结构相对层间位移即结构层间位移角大小相关性更大，所以分析结构层间相对位移反应比分析结构位移反应更有意义。需要注意的是，前文已经提到，在由加速度时程积分得到速度和位移时程时，可能存在一些诸如基线漂移等问题，所以对加速度时程积分得到位移时程时要特别注意这一点。另外，在一般的加速度积分过程中，位移反应时程一般最后强制归零，而当结构地震反应特别大，存在残余位移或永久位移变形时，更要注意这种分析的局限性和结果的准确性。

本文以该建筑结构东西方向的地震反应为例，分析几个楼层的结构层间位移反应情况。对于结构第 1 层而言，由加速度积分得到的第 1 层地面位置的位移时程如图 4.2 – 5a 所示，第 1 层楼顶（即 2 层楼板）处的位移反应时程如图 4.2 – 5b 所示。将此两个位移反应时程相减并与结构第 1 层的楼层高度求比值，得到结构第 1 层在地震中的层间位移角时程，结果如图 4.2 – 5c 所示。由图 4.2 – 5 可以得出，结构第 1 层地面的最大水平位移反应为 12.62cm，第 2 层楼面最大水平位移反应为 13.50cm，而结构层间位移角的最大值为 2.93×10^{-3}，即结构第 1 层的最大层间位移角约为 0.3%。根据此值可以大致可以判断，结构第 1 层地震反应水平应该仍处于规范要求的弹性阶段位移角限值内。

对于结构第 7 层而言，第 7 层地面楼板位置的位移反应时程如图 4.2 – 6a 所示，第 7 层楼顶（即第 8 层地面楼板）处的位移反应时程如图 4.2 – 6b 所示，将此两个位移反应时程相

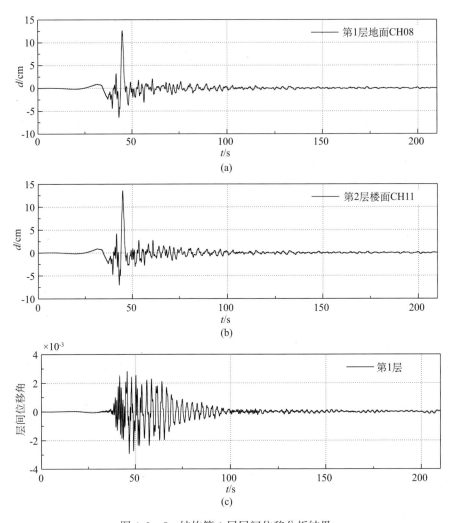

图 4.2 – 5　结构第 1 层层间位移分析结果

（a）结构第 1 层地面位移时程；（b）结构第 2 层楼面位移时程；（c）结构第 1 层层间位移角时程

减并与第 7 层的楼层高度求比值，得到结构第 7 层的层间位移角时程，结果如图 4.2 – 6c 所示。由图 4.2 – 6 可知，结构第 7 层楼面最大水平位移反应为 16.41cm，第 7 层楼顶最大水平位移反应为 16.86cm，结构层间位移角最大值为 4.19×10^{-3}，即结构第 7 层的最大层间位移角约为 0.42%，此值刚刚超过钢结构弹性位移角限值 1/250，但并不能由此结果判定结构进入了非弹性反应或发生了损伤，如需研究或评估结构在地震中是否发生了非线性反应或损伤破坏，需要进一步分析结构的其他地震反应参数。

对于结构第 13 层而言，第 13 层地面楼板位置处的位移反应时程如图 4.2 – 7a 所示，第 13 层楼顶（即第 14 层地面楼板）处的位移反应时程如图 4.2 – 7b 所示，将此两个位移反应时程相减并与第 13 层的楼层高度求比值，得到结构第 13 层的层间位移角时程，结果如图 4.2 – 7c 所示。由图 4.2 – 7 可知，地震中结构第 13 层楼面最大水平位移反应为 19.62cm，

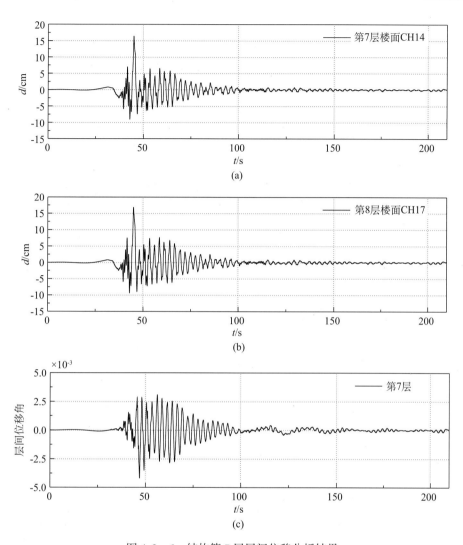

图 4.2－6　结构第 7 层层间位移分析结果
（a）结构第 7 层楼面位移时程；（b）结构第 8 层楼面位移时程；（c）结构第 7 层层间位移角时程

第 13 层楼顶最大水平位移反应为 20.61cm，而结构层间位移角最大值为 4.29×10⁻³，即地震中结构第 13 层的最大层间位移角约为 0.43%，此值与结构第 7 层的最大层间位移角水平相当。

对于结构第 20 层而言，第 20 层地面楼板位置的位移反应时程如图 4.2－8a 所示，第 20 层楼顶（即屋顶）处的位移反应时程如图 4.2－8b 所示，将此两个位移反应时程相减并与结构第 20 层的楼层高度求比值，得到地震中结构第 20 层的层间位移角时程，结果如图 4.2－8c 所示。由图 4.2－8 可知，结构第 20 层楼面最大水平位移反应为 28.78cm，第 20 层楼顶最大水平位移反应为 30.99cm，而结构第 20 层的层间位移角最大值为 4.06×10⁻³，即地震中第 20 层的最大层间位移角约为 0.41%，此值与结构第 7 层、第 13 层的最大层间位移角相当。

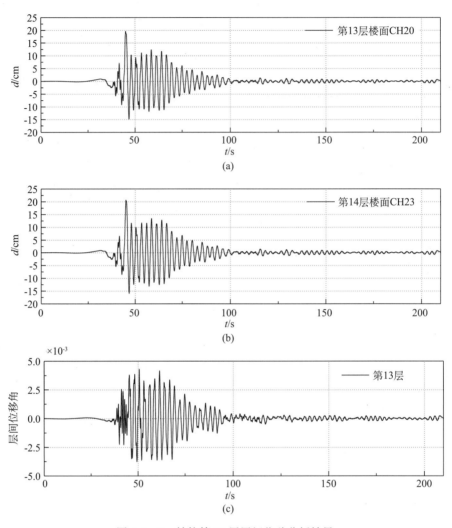

图 4.2-7　结构第 13 层层间位移分析结果

（a）结构第 13 层楼面位移时程；（b）结构第 14 层楼面位移时程；（c）结构第 13 层层间位移角时程

　　综合上述结构层间位移分析结果，可以得到地震中结构各层的最大层间位移角沿竖向分布情况，结果如图 4.2-9 所示。由图可知，地震中结构最大层间位移角在竖向分布较为均匀，除了结构第 1 层约为 0.3% 较小外，其余各层相差不大，均在 0.4% 左右，最大值出现在第 13 层，其值约为 0.43%。根据地震中结构这些最大层间位移角来看，与钢结构的弹性位移角限值 1/250 非常接近，结构在地震中可能仍处于弹性反应阶段，或者结构即使进入了非线性反应阶段，非线性反应的程度也并不强烈。据此可以初步推断，该建筑结构在地震中应该没有发生较大的地震损伤与破坏，如果需要评估结构地震损伤水平或安全状态，则需要借助其他的技术分析方法或对结构进行安全鉴定，不要仅仅依靠这些最大层间位移角。

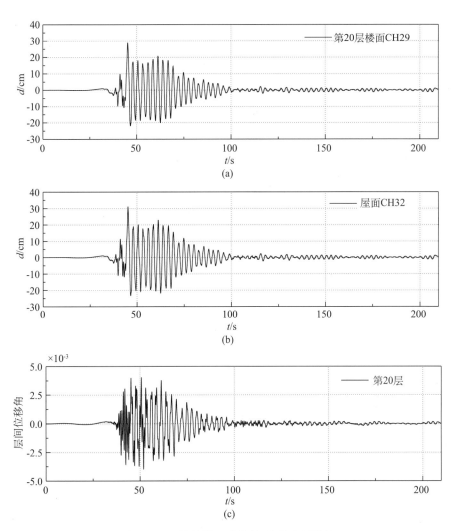

图 4.2-8　结构第 20 层层间位移分析结果

（a）结构第 20 层楼面位移时程；（b）结构第 20 层屋面位移时程；（c）结构第 20 层层间位移角时程

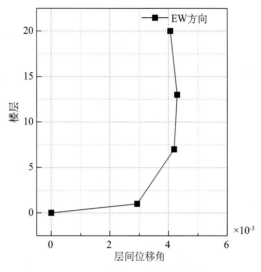

图 4.2 - 9　结构层间位移角分布

4.2.4　结构扭转反应分析

建筑结构由于质量及刚度平面和竖向分布不均匀、结构平面布置不规则、输入地震动不均匀等原因会使结构产生扭转地震反应。尽管概念设计中要求结构平立面对称、质量和刚度对称与均匀，但实际工程中，结构质心和刚心往往很难重合。另外，即使结构的刚心和质心完全重合，由于地面地震动输入不均匀或地面地震动扭转分量的存在，结构也可能存在扭转地震效应。特别是某些建筑结构由于特殊使用要求或功能需求，以及受建筑场地限制等因素影响，结构平面可能被设计为 L 形状等不规则形状，更会加剧结构扭转地震效应。地震中建筑结构存在扭转效应往往会使得结构平动和转动相互耦合，加大结构地震反应水平，加重结构地震损伤破坏程度。

对于布设地震反应监测台阵的建筑结构而言，通过在结构两侧布设测点获得的地震反应记录，可以评价地震中结构扭转反应的大小与水平。对于 Atwood 大厦建筑结构而言，在结构东西两侧均布设了南北向水平地震反应观测测点，由这些测点获得的结构地震反应记录，可以分析和评价本建筑结构在地震中的扭转反应及大小水平。本文选择该结构第 1 层、第 2 层和第 20 层，对其扭转地震反应进行了简单分析与讨论。

1. 结构第 1 层扭转地震反应

对于结构第 1 层加速度地震反应而言，结构西侧、东侧南北向地震反应加速度时程如图 4.2 - 10a、b 所示，结构东西两侧峰值加速度分别为 164.69 和 232.35cm/s^2，由此可知结构第 1 层地面发生了扭转地震反应。由结构东西两侧加速度反应求得的结构第 1 层地面扭转角加速度时程如图 4.2 - 10c 所示，其峰值为 2.71×10^{-2} rad/s^2，对应时刻的加速度差值为 107.42cm/s^2。

对于结构第 1 层的位移反应而言，西侧、东侧南北向地震反应位移时程如图 4.2 - 11a、

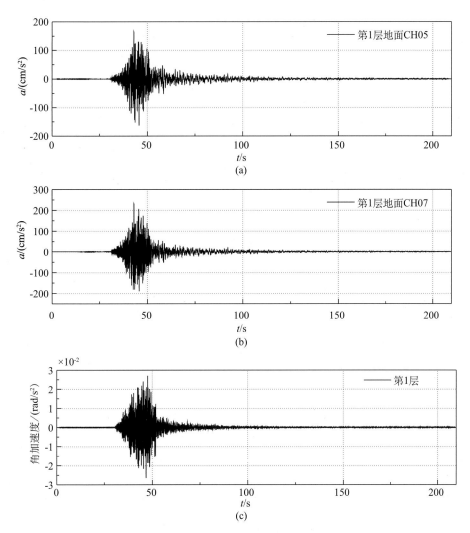

图 4.2 - 10 结构第 1 层地面加速度及扭转角加速度

（a）结构第 1 层西侧加速度时程；（b）结构第 1 层东侧加速度时程；（c）结构第 1 层地面扭转角加速度时程

b 所示，可知结构西侧、东侧位移反应峰值分别为 6.00 和 6.20cm，结构两侧最大位移反应相差约 0.2cm，从两侧最大位移差值来看，结构扭转反应并不是十分强烈，从东西两侧位移时程差来看，最大值也仅为 0.34cm。根据该两个位移时程求得的结构第 1 层地面扭转位移角时程如图 4.2 - 11c 所示，其中位移角峰值为 $8.62×10^{-5}$rad，对应的结构两侧位移差最大值即为 0.34cm。对于整个结构尺寸及地震反应而言，这是一个很小的数值。

2. 结构第 2 层扭转地震反应

由前述分析可知，结构南北方向地震反应，东西两侧加速度峰值差别最大的为第 2 层，因此，本文对结构第 2 层在地震中的扭转反应也进行了分析。对于结构第 2 层加速度反应而言，西侧、东侧南北向地震反应加速度时程如图 4.2 - 12a、b 所示，东西两侧峰值加速度分

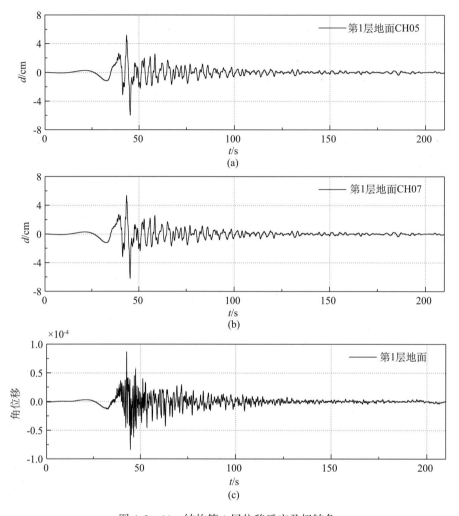

图 4.2 – 11　结构第 1 层位移反应及扭转角
（a）结构第 1 层西侧位移时程；（b）结构第 1 层东侧位移时程；（c）结构第 1 层地面扭转角位移时程

别为 169.08、322.92cm/s^2，差别较大。由东西两侧加速度反应求得的结构第 2 层楼面扭转角加速度时程如图 4.2 – 12c 所示，其峰值为 6.08×10^{-2}rad/s^2，对应时刻的加速度差值为 240.95cm/s^2。

对于结构第 2 层位移地震反应而言，西侧、东侧南北向地震反应位移时程如图 4.2 – 13a、b 所示，可知结构西侧、东侧位移反应峰值分别为 6.11 和 6.15cm，最大位移相差约 0.04cm，从结构两侧最大位移的差值来看，扭转地震反应并不是十分强烈，但从东西两侧位移时程的差值来看，最大差值为 0.71cm。根据该两个位移时程求得的结构第 2 层楼面扭转位移角时程如图 4.2 – 13c 所示，其中位移角峰值为 1.78×10^{-4}rad，对应的位移差即为 0.71cm，此数值大约是结构第 1 层地面扭转角位移最大值的 2 倍，因此结构第 2 层发生的扭转地震反应比结构第 1 层地面的扭转反应大了约 1 倍。

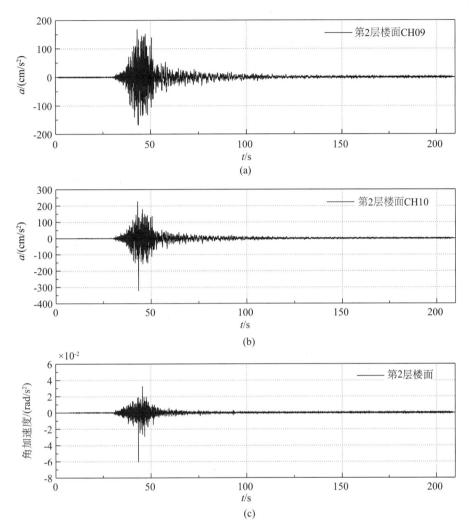

图 4.2 – 12　结构第 2 层加速度及扭转角加速度

（a）结构第 2 层西侧加速度时程；（b）结构第 2 层东侧加速度时程；（c）结构第 2 层楼面扭转角加速度时程

3. 结构顶层扭转地震反应

对于结构第 20 层楼顶加速度反应而言，西侧、东侧南北向地震反应加速度时程如图 4.2 – 14a、b 所示，西侧和东侧峰值加速度分别为 369.22、397.64cm/s²。由结构东西两侧加速度反应时程求得的结构屋顶扭转角加速度时程如图 4.2 – 14c 所示，其峰值为 3.32×10⁻² rad/s²，对应时刻的加速度差值为 131.51cm/s²。根据扭转角加速度峰值来看，结构屋顶比结构第 1 层地面的扭转反应稍微强烈一些，但要小于结构第 2 层的扭转地震反应。

对于结构第 20 层楼顶位移反应而言，西侧、东侧南北向地震反应位移时程如图 4.2 – 15a、b 所示，可知结构西侧、东侧位移反应峰值分别为 11.16 和 10.95cm，结构两侧最大位移相差约 0.2cm，但从东西两侧位移时程的差值来看，其最大值为 1.48cm。根据该两个位

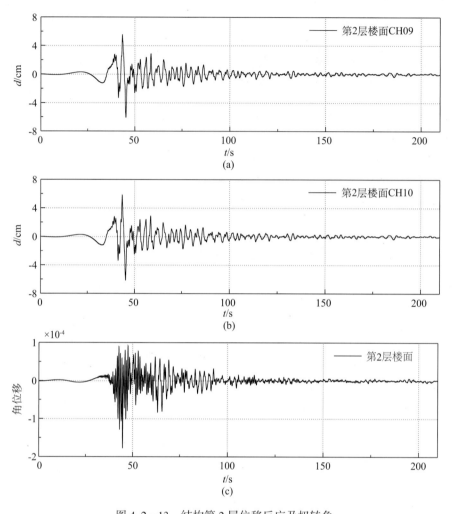

图 4.2 - 13　结构第 2 层位移反应及扭转角
（a）结构第 2 层西侧位移时程；（b）结构第 2 层东侧位移时程；（c）结构第 2 层楼面扭转角位移时程

移时程求得的结构屋顶扭转位移角时程如图 4.2 - 15c 所示，其中位移角时程的峰值为3.73×10^{-4}rad，对应的位移差即为 1.48cm。从地震扭转位移反应来看，比结构第 1 层地面的扭转反应要大的多，位移角峰值约为结构地面 1 层位移角峰值的 4.3 倍。因此可以说，一般情况下结构如果发生了扭转地震反应，则结构顶层比结构底层的扭转地震反应会更为强烈一些。

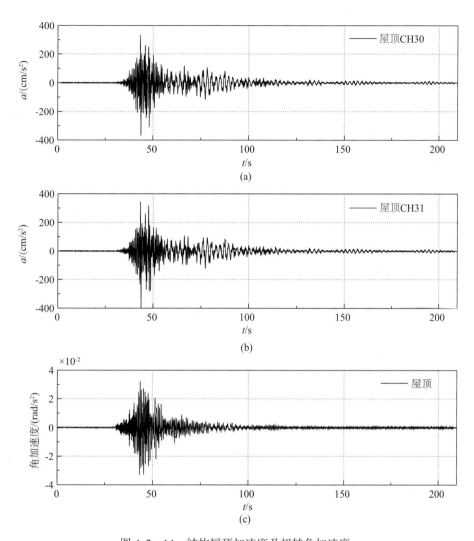

图 4.2 - 14　结构屋顶加速度及扭转角加速度

（a）西侧加速度时程；（b）东侧加速度时程；（c）扭转角加速度时程

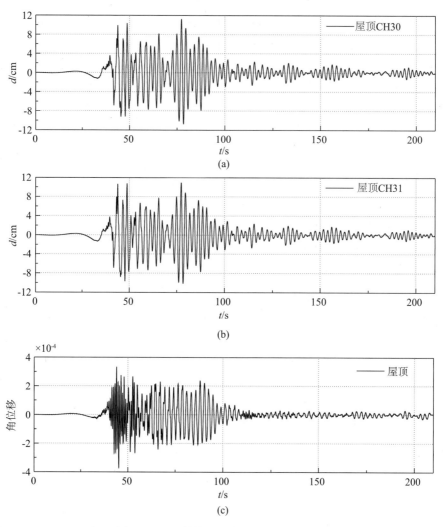

图 4.2-15　结构屋顶位移反应及扭转角

（a）西侧位移时程；（b）东侧位移时程；（c）扭转角位移时程

4.2.5　结构自振特性分析

本文采用该建筑结构地震监测台阵在地震中获得的加速度反应记录，利用傅里叶变换分析方法，对结构的动力振动特性进行了简单分析，分析中采用结构东侧测点的两个水平方向加速度反应，主要得到了结构两个水平方向的振动频率及结构扭转振动频率。考虑到场地土层对建筑结构的地下室具有一定嵌固作用以及结构地下室仅在西北角设置了观测测点，分析中采用结构第1层地面加速度反应记录和结构屋顶的加速度反应记录。

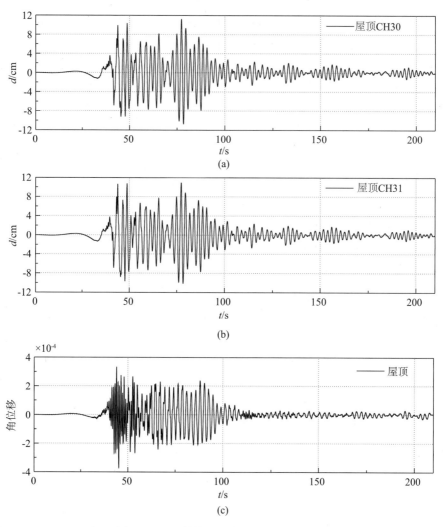

1. 结构南北向振动特性

结构第 1 层地面东侧测点获得的南北向地震反应加速度记录时程（CH07 通道）如图 4.2－16a 所示，结构顶层东侧测点南北向地震反应加速度记录时程（CH31 通道）如图 4.2－16b 所示。由图可知，结构南北向第 1 层地面和屋顶加速反应记录的峰值分别为 232.35 和 397.64cm/s²，结构顶层的地震加速度反应比结构底层加速度反应大的多。

将结构第 1 层地面 CH07 通道和屋顶的 CH31 通道获得的两条加速度记录进行傅里叶变换，得到其傅里叶幅值谱，结果如图 4.2－17 所示。由图可知，结构第 1 层地面南北向 CH07 通道加速度反应记录的傅里叶谱峰值对应的频率为 1.20Hz，但对于结构屋顶而言，南北向 CH31 通道加速度反应记录的傅里叶谱在 0.43 和 1.59Hz 位置出现了两个比较大的峰值，应该分别对应于结构南北向第一阶和第二阶模态振动频率，并且第二阶频率对应的幅值稍高于第一阶频率对应的幅值。

将结构屋顶的 CH31 通道和第 1 层地面 CH07 通道加速度反应记录的傅里叶幅值谱求比值，得到傅里叶幅值谱比，结果如图 4.2-18 所示。由图可知，结构南北向第一阶振动频率为 0.45Hz，第二阶振动频率为 1.56Hz，与结构屋顶 CH31 通道加速度记录的傅里叶谱结果相差不大。另外，从谱比分析结果来看，结构前三阶模态参与地震反应较多。

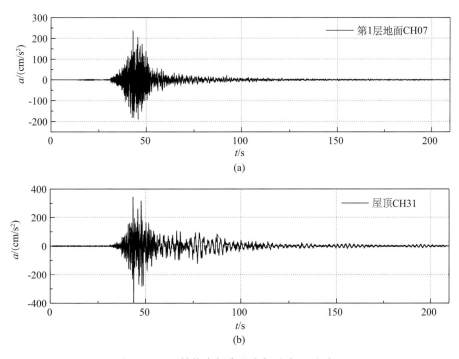

图 4.2－16 结构东侧南北向加速度记录时程

（a）结构地面 1 层南北向加速度记录；（b）结构屋顶南北向加速度记录

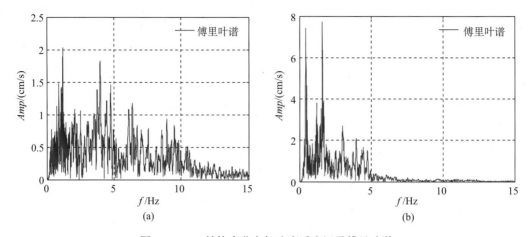

图 4.2 - 17　结构南北向加速度反应记录傅里叶谱

（a）第 1 层地面 CH07 通道记录傅里叶谱；（b）屋顶 CH31 通道记录傅里叶谱

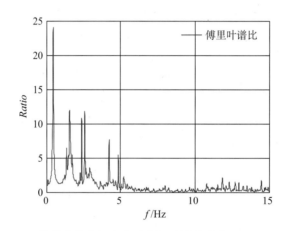

图 4.2 - 18　结构南北向加速度反应记录傅里叶谱比（CH31/CH07）

2. 结构东西向振动特性

结构第 1 层地面东侧测点东西向地震反应加速度记录时程（CH08 通道）如图 4.2 - 19a 所示，结构屋顶东侧测点东西向地震反应加速度记录时程（CH32 通道）如图 4.2 - 19b 所示。由图可知，结构东西方向的第 1 层地面和屋顶的加速反应记录峰值分别为 218.68 和 436.64cm/s^2，结构顶层地震反应的峰值加速度约为底层峰值加速度的 2 倍。

对结构东西向而言，将结构第 1 层地面 CH08 通道和顶层 CH32 通道两条加速度记录进行傅里叶变换，得到其傅里叶幅值谱，结果如图 4.2 - 20 所示。由图可知，结构第 1 层地面东西向 CH08 通道加速度记录的傅里叶谱峰值对应的频率为 1.17Hz，与南北向结果相差不大。对于结构屋顶而言，东西向 CH32 通道加速度反应记录的傅里叶谱在 0.37 和 1.24Hz 位置出现了两个比较大的峰值，应该分别对应于结构东西向第一阶和第二阶振动频率，并且二阶频率对应的幅值稍高于一阶频率对应的幅值，这两个频率稍稍低于结构南北方向的前两阶振动频率。

将结构东西向屋顶的 CH32 通道和第 1 层地面 CH08 通道的加速度反应记录的傅里叶谱求比值，得到傅里叶幅值谱比，结果如图 4.2-21 所示。由图可知，结构东西向第一阶振动频率为 0.37Hz，第二阶振动频率为 1.28Hz，与顶层 CH32 通道加速度记录的傅里叶谱结果相差不大，可以认为是结构东西方向振动频率。

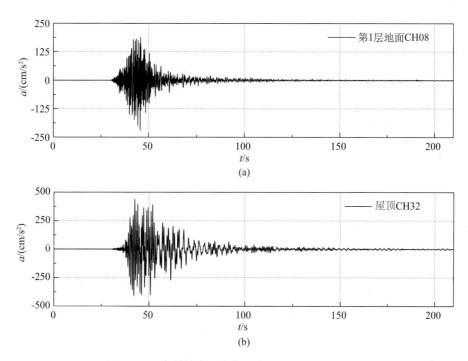

图 4.2-19　结构东西向加速度地震反应记录时程

（a）结构第 1 层地面东西向加速度反应记录；（b）结构屋顶东西向加速度反应记录

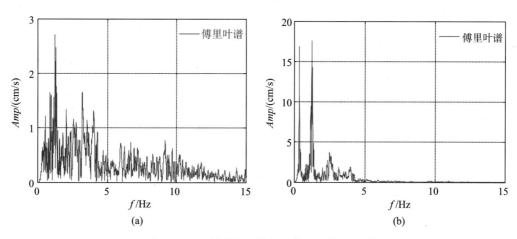

图 4.2-20　结构东西向加速度记录傅里叶谱

（a）第 1 层地面 CH08 通道记录傅里叶谱；（b）屋顶 CH32 通道记录傅里叶谱

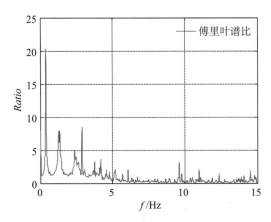

图 4.2 - 21　结构东西向加速度记录傅里叶谱比（CH32/CH08）

3. 结构扭转振动特性

为了得到结构的扭转振动特性，这里假定结构扭转地震反应完全由于底层扭转导致，进行了大致分析和讨论。将结构南北向第 1 层西侧测点和东侧测点地震反应加速度记录求差（CH07-CH05），可以得到结构第 1 层地面的扭转线加速度，结果如图 4.2 - 22a 所示，该扭转线加速度除以结构宽度便可以得到扭转角加速度，可参见图 4.2 - 10c。对结构顶层南北向加速度地震反应记录做相同处理（CH31-CH30），便可以得到结构屋顶的扭转线加速度，如图 4.2 - 22b 所示，其对应的角加速度时程可参见图 4.2 - 14c。

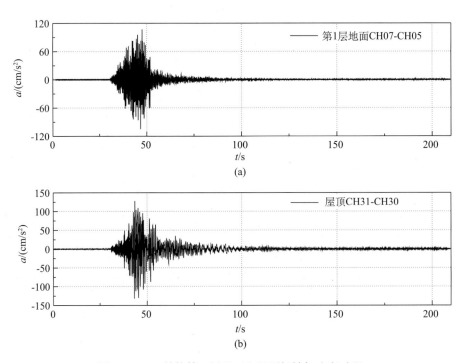

图 4.2 - 22　结构第 1 层地面和屋顶扭转加速度时程

（a）结构第 1 层地面扭转线加速度；（b）结构屋顶扭转线加速度

将结构第 1 层地面和屋顶的扭转反应线加速度时程分别进行傅里叶变换，得到其傅里叶幅值谱，结果如图 4.2-23 所示。由图可知，对于结构扭转地震反应而言，结构第 1 层地面扭转线加速度记录的傅里叶谱中并没有明显的卓越频率出现，对结构屋顶的扭转线加速度而言，前两个峰值分别出现在 0.43 和 1.25Hz 左右。

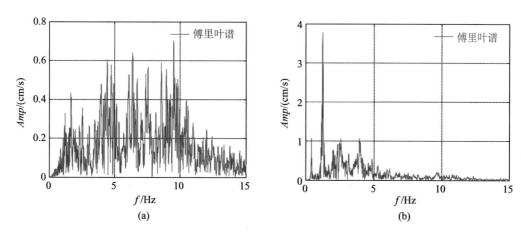

图 4.2-23　结构第 1 层地面及屋顶扭转线加速度傅里叶谱
（a）第 1 层地面扭转线加速度傅里叶谱；（b）屋顶扭转线加速度傅里叶谱

将结构屋顶和第 1 层地面扭转线加速度的傅里叶谱求比值，得到傅里叶幅值谱比，结果如图 4.2-24 所示。由图可知，谱比峰值出现在 0.45Hz 左右，与结构南北向水平振动频率几乎相等（本文保留了 2 位小数，结果显示一致），第二个峰值出现在 1.31Hz 左右，与结构屋顶扭转线加速度的傅里叶谱结果相差不大，可以认为是前两阶扭转模态频率。

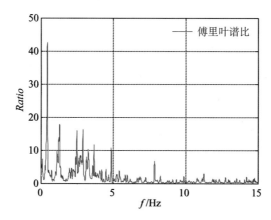

图 4.2-24　结构屋顶与第 1 层地面扭转线加速度傅里叶谱比

需要特别注意的是，本建筑结构是对称结构，这种采用傅里叶谱比求扭转模态频率的方法，假定了结构屋顶的扭转地震反应是由于结构第 1 层地面扭转输入产生的，实际因为质心和刚心不可能完全重合，所以本分析结果只能大致参考。对于特别不规则的建筑结构，即使底层地面或基础未发生扭转反应，屋顶也可能因为质心和刚心不重合等产生扭转效应，此种情况不宜采用谱比方法进行扭转地震反应分析。

4. 结构振动参数综合分析

本文利用美国 Atwood 大厦建筑结构在 2018 年 11 月 30 日 $M_W 7.0$ 地震中的地震反应记录，全面分析了该建筑结构的振动频率参数，将所有振动频率参数汇总，结果如表 4.2 - 2 所示。结构南北方向、东西方向以及扭转振动的傅里叶幅值谱比结果对比如图 4.2 - 25 所示，为了使结果显示更为清晰，本文将横坐标轴范围设置为 0 ~ 5.0Hz，实际 5.0Hz 以上频率范围的谱比幅值也较低。根据表 4.2 - 2 以及图 4.2 - 25 中建筑结构的前两阶振动频率可知，结构南北方向刚度稍稍强于东西方向，而结构的扭转第一阶频率和结构南北向水平振动频率几乎相等，据此推断本结构在地震中可能会产生较强的平移振动与扭转振动耦合作用。

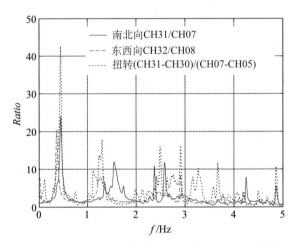

图 4.2 - 25　结构水平及扭转反应傅里叶幅值谱谱比

该建筑结构强震观测台阵建成于 2003 年，建成之后结构经历了数十次地震，但地震反应水平均较低。Celebi（2006）曾利用该建筑结构在 2005 年 4 月 6 日发生的 Tazlina Glacier 地震（$M_L = 4.9$ 级）中的地震反应记录，详细分析了该建筑结构各个模态振动参数，由于该次地震中结构距离震中约 183km，震中距较大，所有结构在该次地震中的反应水平较低。本文将 Celebi（2006）的分析结果同时列入表 4.2 - 2，以便和本文结果进行对比。

表 4.2 - 2　结构振动参数

模态	南北向水平/Hz		东西向水平/Hz		扭转/Hz	
	本文	Celebi（2006）	本文	Celebi（2006）	本文	Celebi（2006）
Ⅰ	0.45	0.58	0.37	0.47	0.45	0.47 ~ 0.58
Ⅱ	1.56	1.83	1.28	1.56	1.31	1.50 ~ 1.90

通过对比可以发现，利用结构在 2018 年地震中的反应记录分析得到的结构各阶模态频率均低于 2005 年地震反应记录得到的相应结果。对于结构水平向振动频率而言，南北向第一阶、第二阶频率分别下降了 22.41% 和 14.75%，东西向第一阶、第二阶频率则分别下降了 21.28% 和 17.95%，结构两个方向下降大小相差不大。对于结构扭转特性而言，Celebi (2006) 给出的结果为一个频率范围，在该频率范围包含了相应的水平向模态频率，从数值来看，结构前两阶扭转频率也有所下降。导致结构各阶模态频率下降的主要原因，一是可能因为结构在从 2005 年到 2018 年长时间使用过程中，结构性能发生了退化或使用条件发生了改变，二是因为 2018 年地震中的结构地震反应水平较高，结构某些结构构件及非结构构件可能产生了非常微小的损伤，这两种原因都会导致结构模态频率发生下降。

4.2.6 结构楼板反应谱计算

结构楼板反应谱（简称楼板谱或楼面谱）是非结构构件、附属结构及各类设备等抗震设计输入的重要依据和参数，随着人们对非结构构件抗震性能要求不断提高，楼板反应谱越来越重要。通过对结构不同位置的地震反应记录进行分析和计算，可以得到基于实际结构地震反应记录的楼板反应谱，而进一步通过分类统计及必要的简化计算，可以得到用于实际结构非结构构件、附属结构或各类设备的抗震设计楼板谱。例如对建筑结构中的各类悬吊管道、天花板等进行抗震设计时，就可以利用楼板反应谱确定其地震作用，并进一步确定具体设计参数。

1. 结构东西向楼板谱

本文针对该建筑结构的地震反应记录，选择了部分通道的水平向加速度记录，计算了其反应谱并进行了比较。对于结构东西向加速度反应而言，以结构第 1 层 CH08、第 8 层 CH17、第 14 层 CH23 和顶层 CH32 等四个通道加速度记录为例，计算了阻尼比为 5% 的加速度反应谱并进行了标准化处理。该四个通道位于结构的东侧，记录的是结构东西向加速度地震反应，这四个通道的加速度反应记录时程如图 4.2-26 所示。由图可知，沿结构的高度方向，由下往上峰值加速度并没有呈现出递增趋势，第 14 层的峰值加速度要小于结构第 8 层和屋顶的峰值加速度，而屋顶的峰值加速度最大。由前述分析可知，结构各层峰值加速度这种分布特征是由于结构高阶振型影响导致。

对结构这四条加速度地震反应记录，分别计算其阻尼比为 5% 的加速度反应谱，结果如图 4.2-27a 所示，对反应谱进行标准化处理后，得到了标准化反应谱，结果如图 4.2-27b 所示。由图可知加速度反应谱在 0~1s 和 2~3s 两个周期范围内幅值较大，在 0.8s (1.25Hz) 左右和 2.7s (0.37Hz) 左右出现峰值，分别对应结构东西方向第 2 阶和第 1 阶振动周期，因此结构的楼板谱在一定程度上也反映了结构的振动特性。进一步可以得出，在这些楼层设计附属结构、非结构构件或各类设备时，应尽量避开这两个周期及其附近周期，即尽量避开结构的各阶自振周期，以免发生共振放大反应，以避免建筑结构的附属结构、非结构构件或设备在地震中发生较大的地震反应而导致损伤破坏。

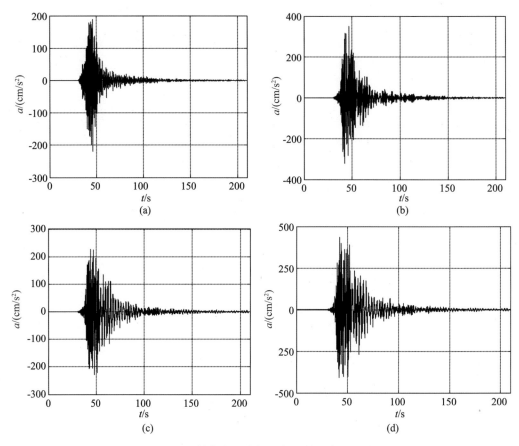

图 4.2 - 26　结构东西向加速度地震反应记录时程

（a）CH08 加速度记录；（b）CH17 加速度记录；（c）CH23 加速度记录；（d）CH32 加速度记录

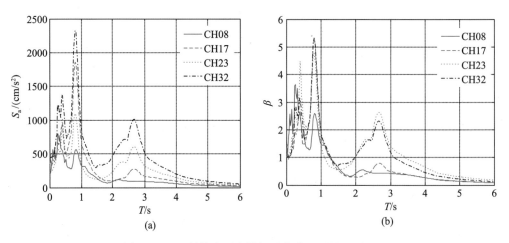

图 4.2 - 27　结构东西向楼板反应谱（阻尼比 5%）

（a）加速度反应谱；（b）标准化加速度反应谱

2. 结构南北向楼板谱

对结构南北向地震反应而言，以结构第 1 层 CH07、第 8 层 CH16、第 14 层 CH22 和顶层 CH31 等四个通道的加速度反应记录为例，同样计算了阻尼比为 5% 的加速度反应谱，并进行了标准化处理。该四个测点通道位于结构的东侧，记录的是结构南北向加速度地震反应，这四个通道获得的结构加速度反应记录时程如图 4.2 - 28 所示，可知沿结构高度方向，由下往上峰值加速度分布趋势与结构东西向地震反应分布趋势相似，结构第 14 层的峰值加速度要小于第 8 层和屋顶的峰值加速度，而屋顶的峰值加速度最大。

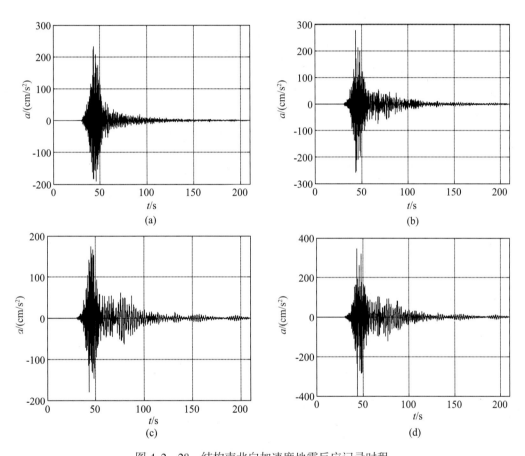

图 4.2 - 28　结构南北向加速度地震反应记录时程
(a) CH07 加速度记录；(b) CH16 加速度记录；(c) CH22 加速度记录；(d) CH31 加速度记录

对这四条结构地震反应加速度记录，计算其阻尼比为 5% 的加速度反应谱，结果如图 4.2 - 29a 所示，其标准化反应谱如图 4.2 - 29b 所示。由图可知，加速度反应谱在 0~1s 和 1.5~2.5s 两个周期范围内幅值较大，在 0.6s (1.67Hz) 左右和 2.4s (0.42Hz) 左右出现峰值，分别对应结构南北方向的第 2 阶和第 1 阶振动周期。在这些楼层设计附属结构、非结构构件或各类设备时，也应该尽量避开该方向的这两个周期，以避免地震中发生共振放大反应而产生较大损伤破坏。

对于结构其他楼层的各通道加速度反应记录，可以采用同样的方式得到各自楼板反应谱，因为计算过程完全相同，本文没有再进行计算和分析。另外需要注意的是，采用这种方法得到的楼板反应谱，直接通过结构楼板的加速度反应时程得到，没有考虑非结构构件、附属结构或设备与主体结构之间的相互作用。如果获得加速度地震反应记录的楼层及位置存在非结构构件或质量较大的设备，则需要考虑其与楼板的相互作用问题，再进行分析楼板反应谱特征。

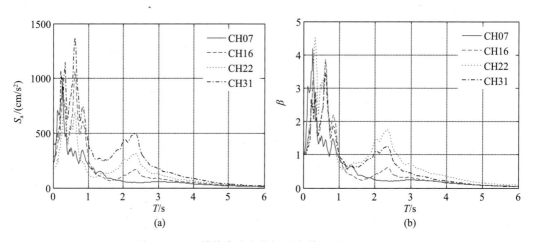

图 4.2 - 29　结构南北向楼板反应谱（阻尼比 5%）

（a）加速度反应谱；（b）标准化加速度反应谱

4.3　隔震结构分析与性能评价

目前建筑结构隔震技术已有较多应用，该项技术主要通过在建筑结构基础和上部结构之间或结构某些特殊层设置弹性支座、橡胶支座、阻尼器等装置，以达到减小上部结构地震反应水平、保护建筑结构在地震中免遭破坏的目的。利用布设在隔震建筑结构上的地震反应观测台阵及其地震反应记录，可以评价与量化隔震措施的减隔震效果，评估隔震设备的减隔震性能。本文以某基础隔震建筑结构为例，分析了隔震结构的地震反应特点，评价了隔震措施及设备隔震效果。

4.3.1　结构概况及台站布设

选择的算例结构为美国南加州大学（University of Southern California，USC）校医院，该建筑为一座地上 7 层、地下 1 层结构，设计于 1988 年，建设于 1989~1991 年，平面形状呈 S 形，基础方形尺寸约为 110.6m×77.1m（由英制尺寸转换而来，下同），典型楼层平面尺寸约 92.4m×77.1m，地下室及结构第 1 层的层高约为 4.57m，上部 6 层各层的层高均约为 4.42m，用途为大学校医院，该建筑结构如图 4.3 - 1 所示。在结构设计上，采用连续混凝土扩展基础，钢框架结构承重体系，钢筋混凝土楼板，结构的外部钢框架设置了对角斜支撑。在隔震措施上，内部钢框架采用了弹性隔震支座（elastomeric isolator），外部钢框架采用了铅橡胶隔震支座（lead-rubber isolator），这样就在底部基础和上部结构之间形成了一个隔震层（图4.3-2a中的Foundation和Lower Level之间），整个结构隔震支座设置分布情况如图4.3-2b所示。

图4.3-1　美国Los Angeles南加州大学校医院（COSMOS）

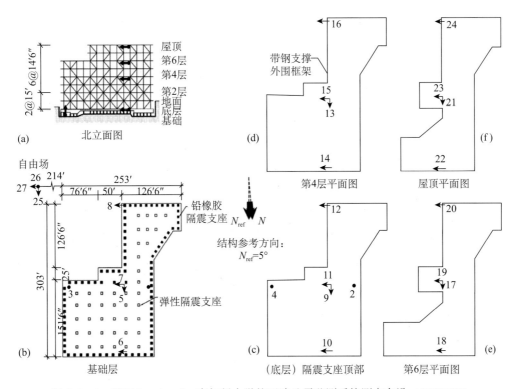

图4.3-2　美国Los Angeles南加州大学校医院地震监测系统测点布设（COSMOS）

　　1991 年，美国加州 CGS-CSMIP 在该建筑结构布设了地震反应观测台阵，其中结构上布设了 24 个单向加速度计（24 个通道），自由场地布设了 1 个 3 向加速度计（3 个通道），合计共 27 个通道，具体加速度计的测点布置及各个通道的观测方向如图 4.3 - 2 所示。该观测台阵是一个典型隔震结构地震监测台阵，结构基础（隔震层下方）布设的仪器测点可以完整监测地面水平及竖向地震动，如图 4.3 - 2b 所示。结构隔震层上方测点与基础观测位置在垂向完全一致，如图 4.3 - 2c 所示；上部结构第 4、第 6 和屋顶观测测点除了未设置竖向反应观测测点外，水平向观测测点与分布基础一致，如图 4.3 - 2d ~ f 所示；自由场地测点距离建筑结构约 65m，用于观测和记录建筑结构所在场地的强地面运动。另外，通过设置在建筑结构南北两侧的测点，还可以分析结构在地震中的扭转反应特征，评估结构扭转地震反应大小及对结构整体影响。

　　该建筑结构地震反应观测台阵建成后，在 1992 ~ 2014 年发生的十余次地震中获得了地震反应记录，其中包括 1991 年 Sierra Madre 地震、1992 年 Big Bear 地震、1992 年 Landers 地震、1994 年 Northridge 地震、1999 年 Hector Mine 地震、2014 年 Encino 地震等影响较大、破坏较强的地震。特别是在 1994 年 1 月 17 日发生的 Northridge 地震中，由于地震震级较大（$M_W = 6.7$ 级），且建筑结构距离震中较近（震中距约 35.3km、断层距约 32.1km），建筑结构附近地面震动及结构振动强度均较大。本文选取该建筑结构在 Northridge 地震中获得的地震反应记录进行分析，评价结构隔震措施的减隔震效果，分析结果及过程可供类似隔震结构的地震反应分析及地震性态评估参考。

4.3.2　结构加速度反应分析

1. 水平向峰值加速度

　　该建筑结构台阵在 1994 年 Northridge 地震中各个通道记录的地震反应峰值加速度及峰值位移如表 4.3 - 1 所示，结构水平向峰值加速度沿结构竖向分布情况如图 4.3 - 3 所示。可以看出，结构东西方向地震反应峰值加速度，在结构南侧最大，可能由于结构不对称，在地震中发生了较大的扭转效应造成。从隔震支座层上、下测点的峰值加速度来看，对于结构两个水平方向的加速度反应而言，结构中心南北向、结构中心东西向、结构北侧东西向、结构南侧东西向等四个测量值，隔震层顶部位置的峰值加速度比隔震层底部基础的峰值加速度分别降低了 64.40%、55.24%、47.17%、14.67%，降低幅度依次降低，可见设置的隔震支座起到了很好的减震作用，大大降低了上部结构底部的输入地震动水平。

　　建筑结构各层地震反应峰值加速度与基础峰值加速度比值及与基础相比降低的比例如图 4.3 - 4 所示，除了结构屋顶南侧和北侧的东西向峰值加速度比基础峰值加速度大外，其余各个测点位置的结构最大加速度反应均小于隔震层底部基础位置的峰值加速度。仅从结构地震反应的峰值加速度降低程度来看，整个建筑结构南北向的隔震效果比东西向隔震效果要好。

　　从建筑结构附近的自由场地测点和结构基础地震动加速度记录来看，自由场地三个方向的峰值加速度比隔震层底部基础的峰值加速度要大的多，甚至比结构最大反应位置即结构顶层的峰值加速度还要大。这一方面说明设置的隔震支座大大降低了结构地震反应水平，另一方面也表明由于建筑结构的存在，会使结构所在场地的地震动在较小的范围内可能产生较大差异。

表 4.3-1 1994 年 Northridge 地震中结构峰值加速度和峰值位移

测点位置	南北向 NS			东西向 EW			竖向 UP		
	通道	加速度 (cm/s²)	位移 (cm)	通道	加速度 (cm/s²)	位移 (cm)	通道	加速度 (cm/s²)	位移 (cm)
屋顶	21	201.38	3.91	22	149.00	3.84			
				23	154.68	4.70			
				24	182.62	5.10			
6 层楼板	17	104.21	3.32	18	102.88	3.56			
				19	140.74	3.92			
				20	145.56	4.01			
4 层楼板	13	101.77	3.11	14	78.01	3.30			
				15	82.81	3.03			
				16	150.54	3.19			
隔震层顶部楼板	9	127.80	2.81	10	65.19	3.02	2	76.41	1.36
				11	71.63	2.71	4	121.95	1.44
				12	138.97	2.75			
隔震层底部基础	5	358.98	1.73	6	123.40	2.21	1	63.97	1.33
				7	160.04	2.21	3	83.86	1.32
				8	162.87	2.28			
自由场地	25	483.33	2.35	27	209.67	2.47	2 / 6	116.87	1.34

2. 竖向峰值加速度

结构东西两侧的竖向加速度反应时程对比如图 4.3-5 所示，峰值加速度对比如图 4.3-6 所示。可知对于结构竖向地震反应而言，在结构西侧和东侧，隔震层顶部竖向峰值加速度比底部基础峰值加速度分别大 19.4% 和 45.4%。说明尽管在结构设置隔震支座可以很好地减小结构水平向地震加速度反应水平，但却会放大结构竖向的地震加速度反应水平。这一点值得隔震结构设计和研究人员注意，特别是那些对竖向地震动敏感型的工程结构，如长大结构等，如果采用隔震技术设置隔震支座，需要仔细考虑竖向地震动对隔震支座及整体结构地震反应的影响，合理选择和设置隔震支座类型及形式。

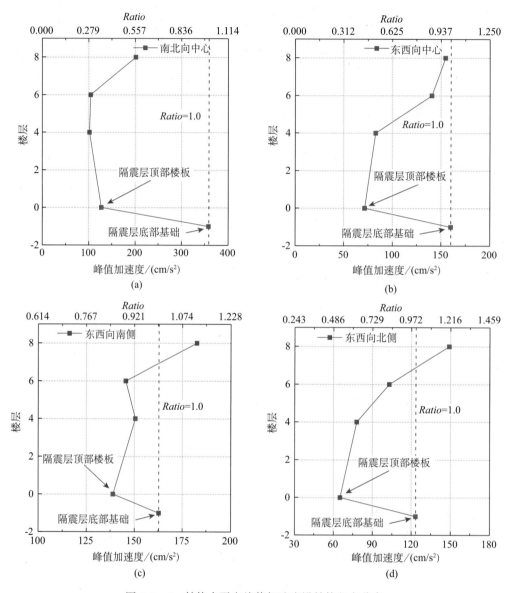

图 4.3 - 3　结构水平向峰值加速度沿结构竖向分布

(a) 南北向中心测点；(b) 东西向中心测点；

(c) 东西向南侧测点；(d) 东西向北侧测点

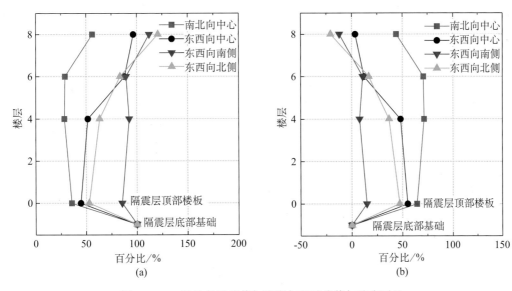

图 4.3 - 4　结构各层峰值加速度与基础峰值加速度对比

（a）结构各层地震反应峰值加速度与基础峰值加速度比值；
（b）结构各层与基础相比峰值加速度降低百分比

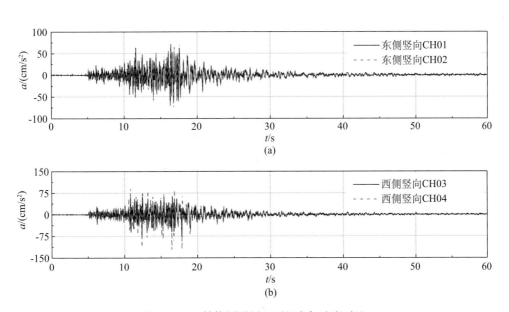

图 4.3 - 5　结构隔震层上下竖向加速度对比

（a）结构西侧隔震层上下竖向加速度对比；
（b）结构东侧隔震层上下竖向加速度对比

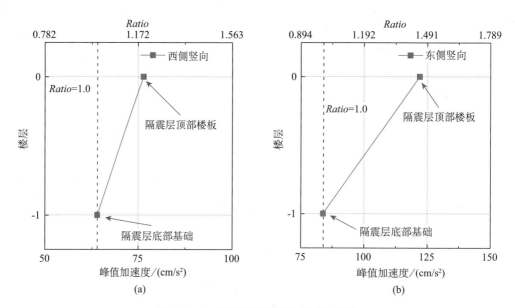

图 4.3 - 6　隔震层上下竖向峰值加速度

(a) 竖向西侧测点；(b) 竖向东侧测点

3. 结构与基础相对加速度

上述以结构各层峰值加速度为变量，分析了结构隔震措施的隔震效果，另外还可以从设置隔震支座的隔震层上部和下部相对加速度进行分析，查看结构底部与基础之间相对加速度差别大小。对于结构南北向地震反应而言，中心位置测点隔震层顶部相对于隔震层底部基础的相对加速度时程如图 4.3 - 7 所示，相对峰值加速度为 450.40cm/s²。对于结构东西向地震反应而言，结构南侧位置、中心位置和北侧位置，隔震层顶部相对于底部基础的相对加速度时程如图 4.3 - 8 所示，可知结构南侧、中心及北侧三个位置相对基础的峰值加速度依次为 265.79、193.38 和 132.32cm/s²，大小从南向北呈递减趋势，这三个值也比南北方向的相对加速度峰值小很多。

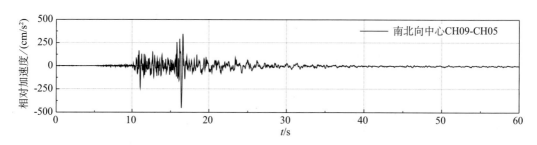

图 4.3 - 7　结构中心位置南北向隔震层相对加速度

结构中心位置隔震支座南北和东西两个方向的相对加速度时程对比如图 4.3 - 9 所示，二者差别较大，尤其是相对峰值加速度相差 57%，反映了隔震层整体加速度反应的差异。

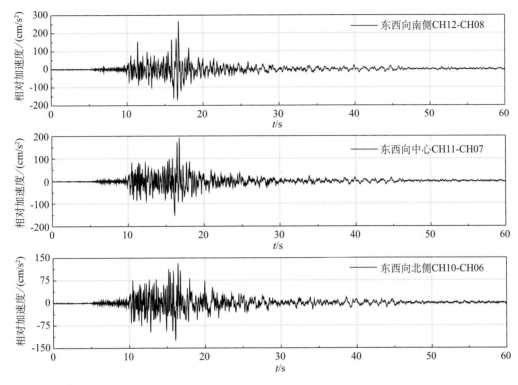

图 4.3 - 8　东西向相对于基础的加速度反应

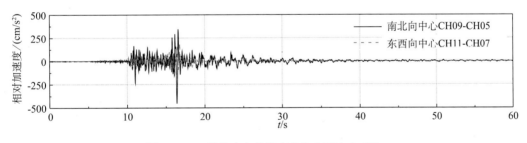

图 4.3 - 9　结构中心位置南北和东西方向对比

　　将两条相对加速度时程合成为一点的运动迹线，如图 4.3 - 10 所示，这也是结构中心位置处的隔震支座顶部相对于结构基础的加速度轨迹。根据该运动迹线可知，隔震支座最大合成加速度约为 450.44cm/s²，出现在 16.40s，这也是结构中心位置的隔震支座相对于基础发生的最大相对加速度。

　　特别需要注意的是，对于建筑结构而言，因为地震力或惯性力与绝对加速度相关，讨论相对加速度只能查看和分析隔震层上下加速度的差别，对于分析结构地震损伤破坏及地震反应性态并无太大理论意义。如果需要评价隔震支座或整个隔震层的减隔震性能及效果，可以从相对位移反应角度出发进行分析与讨论。

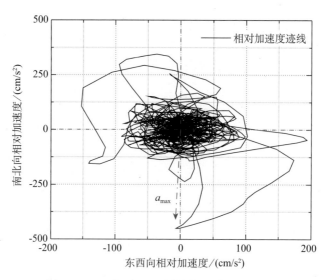

图 4.3 - 10　相对于基础的隔震层加速度迹线

4.3.3　结构位移反应分析

1. 结构层间位移反应

因为本建筑结构不是每一层都布设了传感器测点，只能大概估计结构的平均层间位移角情况，这里以结构中心位置观测点记录的结构地震反应为例进行简单讨论。分析中采用结构屋顶与隔震层顶部两个位置的位移反应时程，估计整个结构的平均层间位移角，观察结构层间位移反应情况。对结构南北向而言，屋顶和隔震层顶部中心处的南北向地震反应位移时程分别如图 4.3 - 11a、b 所示，其中屋顶最大位移反应为 3.91cm，隔震层顶部位置的最大位移反应为 2.81cm。将上下两个位移时程相减并与结构总高度做比值，得到的结构南北向平均层间位移角时程如图 4.3 - 11c 所示，可知位移角的峰值约为 5.96×10^{-4}。对于钢结构而言，这是较小的数值，未超过弹性位移极限，据此判断上部结构在地震中应该没有发生地震损伤破坏。

对于结构东西向地震反应而言，结构屋顶和隔震层顶部中心处的东西向地震反应位移时程分别如图 4.3 - 12a、b 所示，其中结构屋顶最大位移反应为 4.70cm，大于结构南北向的位移反应峰值，结构中心隔震层顶部位置最大位移反应为 2.71cm，小于同位置南北向的位移反应峰值，由此可判断结构东西方向层间位移反应大于南北向位移反应。通过该两个位移反应时程计算得到的结构东西向平均层间位移角时程如图 4.3 - 12c 所示，可知位移角峰值约为 7.56×10^{-4}，比结构南北向整体平均层间位移角峰值要大 27% 左右。综合结构两个方向的平均层间位移角判断，隔震层上部的主体钢结构在地震中应该未发生损伤破坏，与结构隔震层底部基础及附近场地的地震动水平相比，设置的隔震支座起到了很好的减震、隔震作用，保护了上部结构主体在地震中免受破坏。

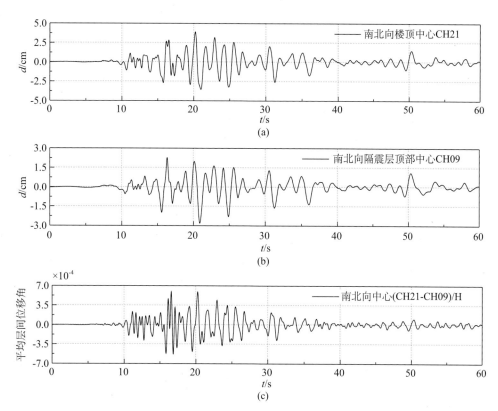

图 4.3－11　结构中心南北向位移反应时程及层间位移角

（a）结构屋顶中心位置南北向位移时程；（b）结构隔震层顶部中心位置南北向位移时程；

（c）结构南北向平均层间位移角

2. 隔震层位移反应

对于隔震建筑结构而言，隔震支座的位移变形大小是评价隔震支座性能的重要指标，如果隔震支座发生较大的水平位移变形，则可以耗散更多的地震输入能量，起到更好的隔震和保护主体结构作用。

对于结构中心位置附近的隔震支座而言，隔震支座上部和下部的南北向相对位移时程如图 4.3－13 所示，这也是结构中心位置隔震支座或隔震层在地震中的形变过程，其峰值约为3.54cm，即为隔震支座上下相对位移的最大值。对于结构东西方向而言，结构南侧、中心及北侧位置的隔震支座上下相对变形、即支座水平变形如图 4.3－14 所示，三者波形相差不大，三个位置的隔震支座水平位移变形最大值分别为 3.01、2.24 和 1.83cm，由南向北依次递减，结构中心位置比南北向小 1.30cm。由此可知，结构隔震层在南北方向发生的位移较大，这就解释了为什么结构南北方向隔震效果比东西向隔震效果要好。

结构中心位置隔震支座两个方向的位移变形时程对比结果如图 4.3－15 所示，二者差别还是较大的。将两条位移变形时程合成为一点的运动迹线，结果如图 4.3－16 所示，这也是结构中心位置处的隔震支座顶部相对于结构基础的运动轨迹。根据该运动迹线可知，结构中

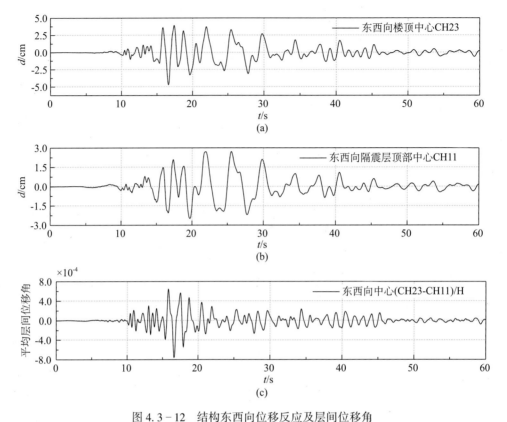

图 4.3 - 12　结构东西向位移反应及层间位移角

（a）结构屋顶中心位置东西向位移时程；（b）结构隔震层顶部中心位置东西向位移时程；

（c）结构东西向平均层间位移角

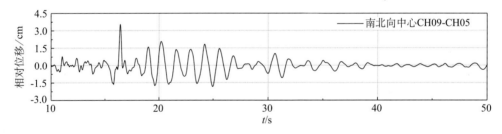

图 4.3 - 13　结构中心位置隔震层上下南北向相对位移反应

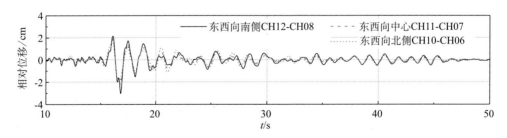

图 4.3 - 14　结构隔震层上下东西向相对位移反应

心位置处的隔震支座最大水平位移约为 3.73cm，出现在 16.42s，这即是结构中心位置处的隔震支座上下发生的最大位移变形。如果已知隔震支座的力学性能指标及参数，可以根据隔震支座在两个水平方向的位移变形反应及最大位移变形，分析和评估隔震支座耗散地震能量等情况，本文对此没有开展进一步分析和讨论。

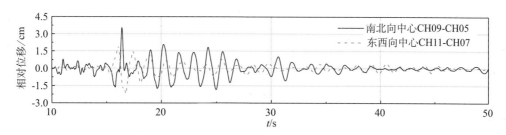

图 4.3 – 15　结构中心位置隔震层位移变形对比

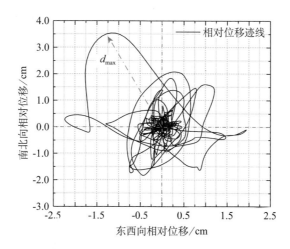

图 4.3 – 16　相对于基础的隔震层位移运动迹线（$d_{max} = 3.73$cm）

3. 结构竖向位移反应

从结构四个竖向地震反应测点的峰值位移对比来看（表 4.3 – 1），隔震层上、下的竖向地震反应位移时程相差不大，其中结构东侧的第 3 和第 4 通道观测值差别稍大，上部比下部大 0.12cm，而结构西侧第 1 和第 2 通道观测值，竖向位移差别仅为 0.03cm。说明对整个建筑结构而言，隔震支座顶部和底部的相对位移即隔震支座发生的竖向变形较小。

结构西侧隔震层上下测点的竖向位移对比及结构东侧隔震层上下测点的竖向位移对比如图 4.3 – 17 所示，可以看出无论结构西侧还是东侧，隔震层的竖向位移反应基本一致，并且东西两侧差别也不大。

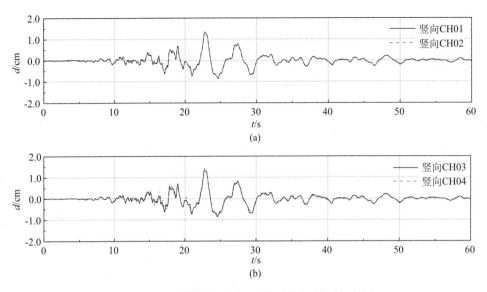

图 4.3 – 17　结构隔震层上下位置的竖向位移对比

（a）结构西侧隔震层上下竖向位移对比；（b）结构东侧隔震层上下竖向位移对比

4.3.4　结构扭转地震反应分析

由前述分析可知，本隔震建筑结构在 Northridge 地震中发生了比较强烈的扭转地震效应，本节简要从加速度反应和位移反应两个方面分析该结构的扭转反应大小及特征。需要注意的是，分析结构扭转地震反应时，理论上一般假定楼板水平方向刚度无限大，楼板各部分水平面内不会发生相对运动，本文就是基于这种假定，采用结构楼层水平面内两端的地震反应数据，分析结构扭转地震反应的大小与特征。如果实际中有明显证据表明结构楼板水平面内不同位置发了相对位移运动，则采用结构楼层内两端加速度或位移地震反应数据分析结构扭转地震反应是不合适的。

1. 结构屋顶扭转分析

对结构屋顶而言，采用结构南侧和北侧两端测点的东西方向加速度反应记录及结构平面尺寸计算得到的结构角加速度反应时程如图 4.3 – 18a 所示，可知结构在地震中的扭转角加速度峰值为 $1.85 \times 10^{-2} \text{rad/s}^2$。由对应测点的位移反应时程计算得到的角位移反应时程如图 4.3 – 18b 所示，可知地震中结构顶层的扭转反应角位移的峰值为 $2.23 \times 10^{-4} \text{rad}$，结构顶层屋顶应该是发生地震扭转效应最为强烈的楼层。

2. 结构隔震层顶部楼板扭转分析

对于结构隔震层顶部的楼板而言，采用结构南侧和北侧两端测点的东西方向加速度地震反应记录及结构平面尺寸计算得到的角加速度反应时程如图 4.3 – 19a 所示，可知结构隔震层顶部在地震中的扭转角加速度峰值为 $1.45 \times 10^{-2} \text{rad/s}^2$。由对应测点的地震位移反应时程计算得到的角位移时程如图 4.3 – 19b 所示，可知扭转反应角位移峰值为 $1.54 \times 10^{-4} \text{rad}$。无论是角加速度反应还是角位移反应，都比结构屋顶的扭转地震反应要小，即一般情况下结构顶层发生的扭转地震反应最为强烈。

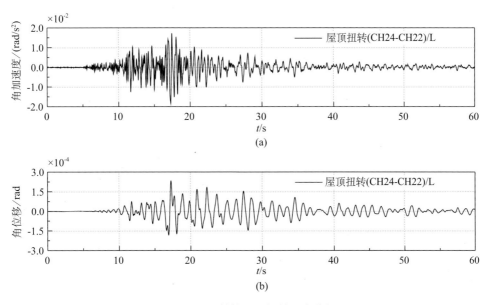

图 4.3 – 18　结构屋顶扭转反应分析
（a）结构屋顶扭转角加速度时程；（b）结构屋顶扭转角位移时程

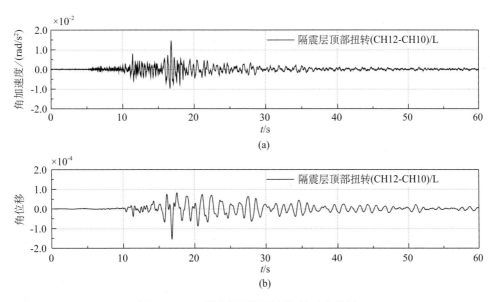

图 4.3 – 19　结构隔震层顶部扭转反应分析
（a）结构隔震层顶部扭转角加速度；（b）结构隔震层顶部扭转角位移

3. 结构隔震层底部基础扭转分析

对于结构隔震层底部的基础而言，采用结构南侧和北侧两端测点获得的东西方向加速度反应记录及结构平面尺寸计算得到的角加速度反应时程如图 4.3 – 20a 所示，可知结构隔震层底部基础在地震中的扭转角加速度峰值为 1.85×10^{-2} rad/s²，该值与结构屋顶的角加速度峰值相同，但大于隔震层顶部楼板的扭转角加速度反应峰值，所以在结构设置隔震层也会减小上部结构的扭转地震反应。由对应测点的地震位移反应时程计算得到的角位移时程如图4.3-20b所示，其中扭转反应角位移峰值为$5.47×10^{-5}$rad，从扭转位移角来看，结构隔震层底部基础的扭转角位移反应要小于隔震层顶部及结构屋顶的扭转角位移，据此可以判断，结构的隔震层发生了较大的扭转地震反应。

　　建筑结构的扭转地震反应一般由两个原因导致，一是地面地震动输入不均匀，或地面运动本身存在扭转分量，这样即使是理想状态下的完全对称结构，在地震中也会发生扭转地震反应；二是由于建筑结构不规则，刚心和质心不重合，即使地面地震动是均匀输入，但由于结构不同部分地震反应存在差异，也会导致结构发生扭转地震反应。对于本隔震建筑结构而言，从结构平面布置及结构基础的扭转效应来看，这两个原因是同时存在的，共同导致结构在地震中发生了较强的扭转地震反应。

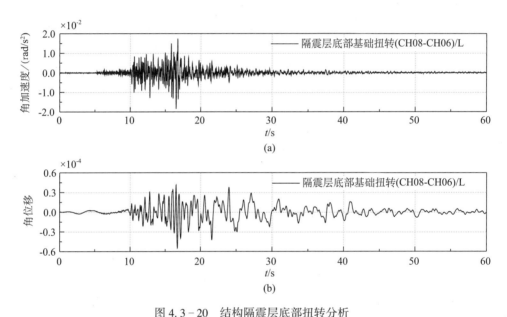

图4.3-20　结构隔震层底部扭转分析

（a）结构隔震底部基础扭转角加速度；（b）结构隔震层底部基础扭转角位移

4.3.5　结构振动特性分析

1. 结构中心位置南北向地震反应

　　首先采用结构南北向地震反应记录分析结构南北向水平振动特性。结构南北向地震反应观测测点只在结构的中心位置设置，从基础往上依次为CH05、CH09、CH13、CH17和CH21等5个通道，各个通道在地震中获得的加速度反应记录时程及其傅里叶谱如图4.3-21所示。从结构的加速度反应时程来看，隔震层底部基础的峰值加速度要远远大于上部结构各层的峰值加速度，说明设置的隔震支座确实起到了很好的隔震效果。从隔震层底部基础加速度反应记录的傅里叶幅值谱图4.3-21b来看，建筑所在场地的主要振动频率集中在2~

3Hz 左右，没有非常明显的主要卓越频率出现。从上部结构各层加速度反应记录的傅里叶幅值谱即图 4.3 - 21d、f、h 来看，高于 10Hz 成分的傅里叶谱幅值非常低，说明结构振动成分主要集中在 10Hz 以下。另外，从结构各层加速度反应记录的傅里叶幅值谱来看，该隔震结构南北向前三阶振动频率分别在 0.77、1.93 和 4.00Hz 左右，其中第一阶模态振型对结构地震反应贡献最大。另外，此分析得到的结构振动特性由于包含了隔震层作用，使得结构自振周期明显比相同层数或相同高度的建筑结构自振周期要长。

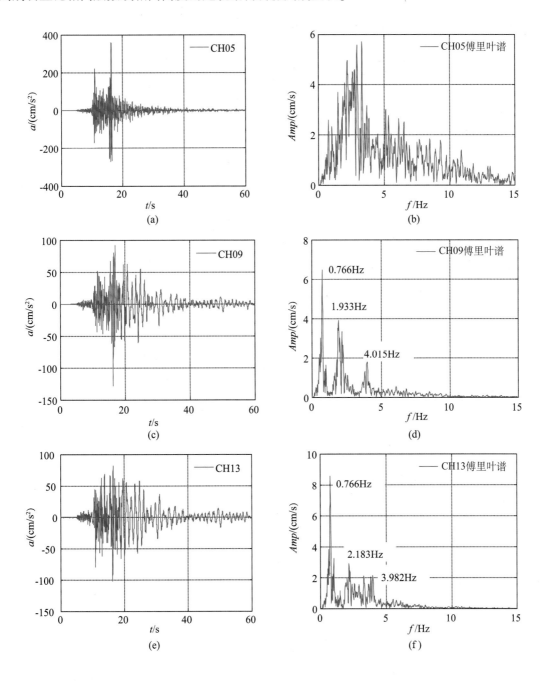

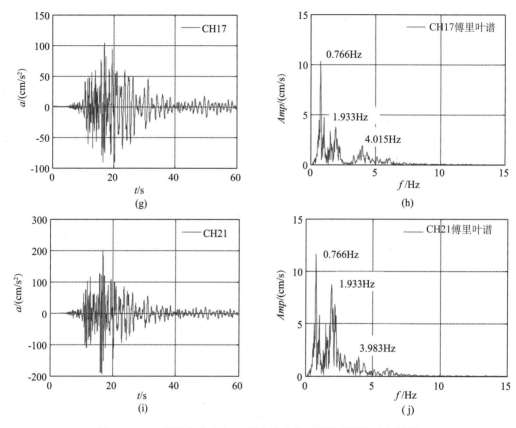

图 4.3 – 21　结构南北向加速度地震反应时程及其傅里叶幅值谱

(a) 隔震层底部加速度；(b) 隔震层底部加速度傅里叶谱；

(c) 隔震层顶部加速度；(d) 隔震层顶部加速度傅里叶谱；

(e) 结构第 4 层加速度；(f) 结构第 4 层加速度傅里叶谱；

(g) 结构第 6 层加速度；(h) 结构第 6 层加速度傅里叶谱；

(h) 结构屋顶加速度；(i) 结构屋顶加速度傅里叶谱

　　如果以结构隔震层底部基础的加速度反应为输入，结构各层加速度反应为输出，可以计算其傅里叶幅值谱谱比，计算结果如图 4.3 – 22a 所示。根据傅里叶幅值谱谱比结果可知，结构的前三阶模态振动频率分别约为 0.77、1.92 和 3.97Hz，与结构各层加速度反应记录的傅里叶幅值谱结果相差不大。特别需要注意的是，在接近 0Hz 处，谱比图上出现了较大的比值，这是因为本结构加速度反应记录在分析处理时，低频截止频率为 0.1～0.2Hz，而高频截止频率在 46～50Hz，即加速度反应记录的有效频带范围约在 0.2～46Hz，低于 0.2Hz 和高于 46Hz 振动成分被滤除，所以低于 0.2Hz 部分的傅里叶谱幅值非常小，而两个较小数值的比值可能得到较大的数值。因此，在使用结构地震反应加速度反应记录时，要特别注意反应记录处理时保留的有效频带范围。

　　另外，如果以结构隔震层顶部的加速度反应记录为输入，结构上部各层的加速度反应记录为输出，也可以计算得到上部结构的傅里叶幅值谱谱比，计算结果如图 4.3 – 22b 所示。

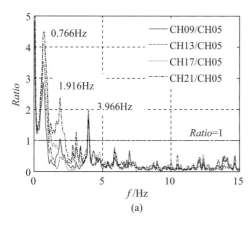 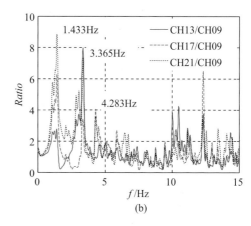

图 4.3 - 22 结构南北向地震反应傅里叶幅值谱比

（a）以隔震层底部加速度为输入；（b）以隔震层上部加速度为输入

由图可知，上部结构前三阶自振频率分别在 1.43、3.37 和 4.28Hz 左右，此值大致反映了上部结构自振特性。因为对于隔震结构来讲，由基础、隔震层和上部结构组成了一个整体系统，这种上部结构振动特性估计方法从理论上严格讲是不合适的，但从工程应用角度，可以大致估计上部结构在刚性基底假设下的振动特性。对于本隔震建筑结构而言，通过对比可以发现，各阶频率比考虑隔震层的振动频率要大，尤其是第一阶自振频率，几乎是隔震结构自振频率的 2 倍。通过对比整体结构的第一阶振动频率和场地地震动主要频率成分来看，建筑结构采取隔震措施后，其整体自振频率更远离了场地地震动主要频率范围，而如果不考虑隔震措施，则上部结构的自振频率更接近场地地震动的主要频率成分。据此可以推断，该建筑结构如果不采取隔震措施，则主体结构的地震反应将会远远大于采取隔震措施后的主体结构地震反应。

因此，通过采取在结构基础和上部结构之间设置隔震支座等隔震措施，可以大大降低整体结构自振频率，增长整体结构自振周期，使整体结构系统自振频率远离地震动的卓越频率，从而大大降低共振发生，减小上部结构地震反应水平，保护上部主体结构在地震中遭受破坏，或降低地震损伤破坏水平，这也是隔震措施起到减隔震作用的最主要原因之一。

根据傅里叶幅值谱谱比计算结果可知，在频率范围内超过 10Hz 的部分，也有一些频率处的谱比数值比较大，原因也是 10Hz 以上振动频率成分的傅里叶谱幅值较低，即图 4.3 - 21d、f、h、i 中 10Hz 以上成分的幅值均比较小，导致幅值谱的比值较大。其中某些数值可能比结构主要振动频率处的幅值比值还要大，这一点在结构地震反应傅里叶谱比分析中也需要特别注意，以免将这些频率误判为结构的主要振动频率，可以通过查看和分析结构顶层地震反应记录的傅里叶幅值谱予以确认。

2. 结构中心位置东西向地震反应

对于结构东西方向的水平振动特性而言，可以采用与上述相同的方法进行分析。该建筑结构地震反应观测系统在结构的南侧、中心和北侧分别设置了仪器测点，用以观测结构东西方向的地震反应。首先以结构中心位置测点的加速度地震反应为例进行分析，结构中心位置处从基础到顶层由下往上测点依次为 CH07、CH11、CH15、CH19 和 CH23 等 5 个通道，各通道在地震中获得的加速度反应记录时程及其傅里叶谱如图 4.3 - 23 所示。从结构加速度地震反应时程来看，上部结构各层的峰值加速度均小于隔震层底部基础的峰值加速度，尤其是隔震层上部的峰值加速度比隔震层下部基础的峰值加速度降低较多，结构顶层的峰值加速度和基础处峰值加速度相当。从隔震层底部基础加速度记录的傅里叶谱图 4.3 - 23b 来看，场地地震动的主要振动频率集中在 1~7Hz 范围，没有主要的卓越频率出现。从上部结构各层加速度记录的傅里叶谱即图 4.3 - 23d、f、h、i 来看，傅里叶谱在高于 10Hz 的频率范围内幅

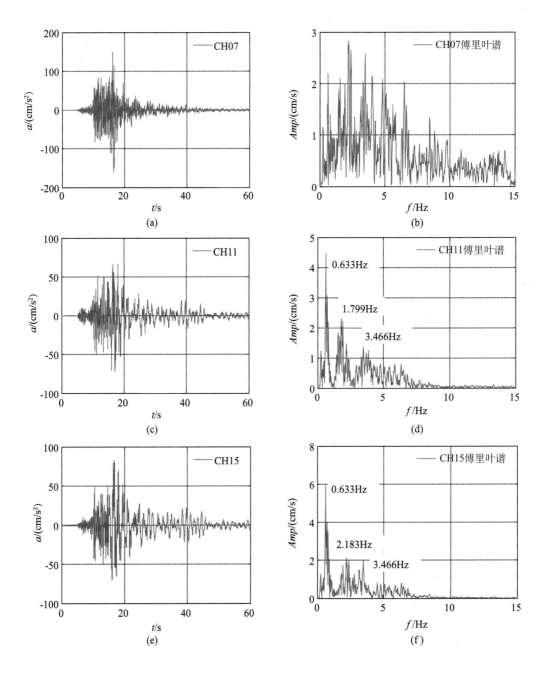

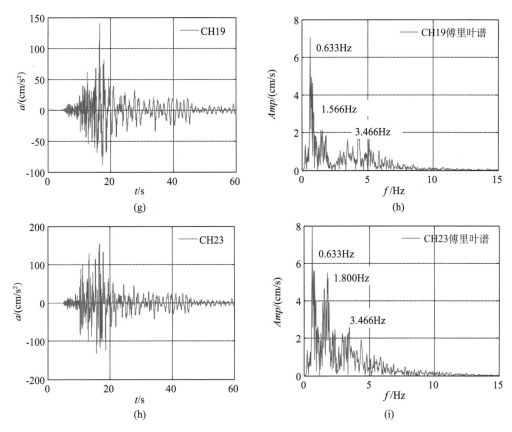

图 4.3–23　结构东西向地震反应加速度及傅里叶幅值谱

(a) 隔震层底部加速度；(b) 隔震层底部加速度傅里叶谱；

(c) 隔震层顶部加速度；(d) 隔震层顶部加速度傅里叶谱；

(e) 结构第 4 层加速度；(f) 结构第 4 层加速度傅里叶谱；

(g) 结构第 6 层加速度；(h) 结构第 6 层加速度傅里叶谱；

(h) 结构屋顶加速度；(i) 结构屋顶加速度傅里叶谱

值非常低，说明结构东西向振动成分也主要集中在 10Hz 以下。另外，从结构各层加速度反应记录的傅里叶谱来看，该隔震建筑结构东西向第一阶振动频率约为 0.63Hz，第二阶振动频率各层加速度反应记录的分析结果不一致，大约在 1.80Hz 左右，第三阶频率约为 3.47Hz 左右。与前述结构南北向振动频率的分析结果对比可知，结构东西向的各阶振动频率比南北向的振动频率稍低，即结构在东西方向偏柔一些，从结构的建筑平面形状大致判断，也可以得到类似的定性结论。

以结构隔震层底部基础的加速度记录为输入，结构各层加速度反应为输出，可以计算结构东西向的傅里叶幅值谱谱比，计算结果如图 4.3–24a 所示。根据傅里叶幅值谱的谱比结果，可知结构东西向第一阶振动频率为 0.65Hz，第二阶振动频率约 1.77Hz，第三阶振动频率不是很明显，与通过结构各层加速度反应记录傅里叶谱得到的结果相差不大。

以结构隔震层顶部的加速度记录为输入，结构各层的加速度反应记录为输出，可以计算得到上部结构的傅里叶幅值谱谱比，计算结果如图 4.3 - 24b 所示。由图可知，结构前两阶振动频率分别在 1.07 和 2.80Hz 左右，第三阶频率不是很明显，此值大致反映了上部结构在基础刚性假设下的自振特性。从振动频率具体数值来看，结构东西方向第一阶自振频率是考虑隔震情况下结构第一阶自振频率的 1.5 倍，而对结构南北方向而言，结构第一阶自振频率是考虑隔震情况下结构第一阶自振频率的 2 倍。

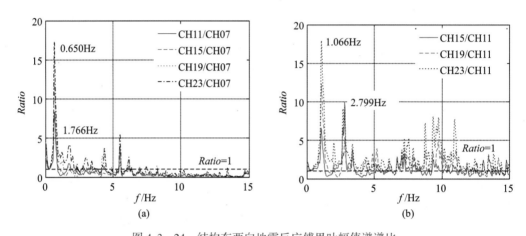

图 4.3 - 24　结构东西向地震反应傅里叶幅值谱谱比

（a）以隔震层底部加速度为输入；（b）以隔震层上部加速度为输入

3. 结构南侧及北侧位置东西向地震反应

对于结构东西方向的振动特性而言，也可以采用结构南侧和北侧测点获得的加速度地震反应记录分析得到，分析过程和步骤与以上分析完全相同，由于计算过程相同，这里略去了具体分析过程与步骤，只给出了结构南侧和北侧位置东西向加速度地震反应的傅里叶谱比结果，如图 4.3 - 25 所示，其中图 4.3 - 25a 为结构南侧测点加速度地震反应记录的分析结果，图 4.3 - 25b 为结构北侧测点加速度地震反应记录的分析结果。

由图 4.3 - 25 可知，由结构南侧加速度反应记录得到的结构前两阶振动频率约为 0.67 和 1.68Hz，而结构北侧加速度反应记录对应的前两阶频率分别约为 0.68 和 1.82Hz。从利用结构南侧和北侧的地震反应记录得到的结构振动频率对比来看，结构南侧部分比结构北侧部分在东西方向偏柔一些。另外，从结构第一阶自振频率来看，由结构南侧和结构北侧测点加速度反应记录分析得到的结构东西向振动频率均高于结构中心位置测点的分析结果，这也反映了结构地震反应监测中一些局部差别问题，即结构不同位置测点的地震反应监测数据中，包含了一些结构的局部振动特征信息。结构这种南北两侧不对称分布，也是导致结构在地震中发生扭转地震反应的原因之一。

4. 结构扭转振动特性分析

前述章节曾分析过该建筑结构的扭转地震反应大小与特征，本部分利用结构的扭转地震反应，简要分析了结构的扭转振动特性。将图 4.3 - 18a 中的结构屋顶的扭转角加速度时程进行傅里叶变换，得到其傅里叶幅值谱，结果如图 4.3 - 26 所示。由图可知，前两阶频率出

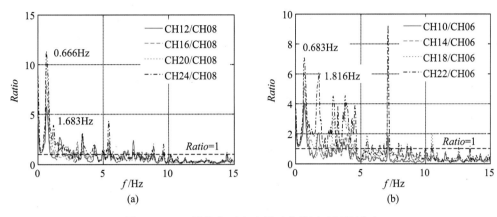

图 4.3 - 25 结构东西向地震反应傅里叶幅值谱比

（a）结构南侧东西向反应；（b）结构北侧东西向反应

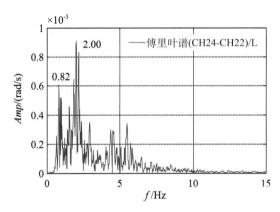

图 4.3 - 26 屋顶角加速度傅里叶谱

现在 0.82 和 2.0Hz 左右，这两个频率值稍微大于本建筑结构两个水平方向的前两阶振动频率。注意这种分析结果是假定结构楼板平面内刚度无限大得到的，实际中结构楼板在水平面内的刚度是不可能无限大的，所以这种方式的分析结果只能作为大致参考，不能作为评价扭转地震效应的精确依据。

将图 4.3 - 19a 中的结构隔震层顶部楼板扭转角加速度时程进行傅里叶变换，得到其傅里叶幅值谱，结果如图 4.3 - 27 所示。由图可知，前两阶频率出现在 0.82 和 2.18Hz 左右，这两个频率值与利用结构屋顶扭转地震反应分析得到的频率值差别不大，均大于结构两个水平方向的前两阶振动频率。

将图 4.3 - 20a 中结构隔震层底部基础的扭转角加速度时程进行傅里叶变换，得到其傅里叶幅值谱，结果如图 4.3 - 28 所示。从傅里叶谱的幅值大小来看，振动成分在 1.5 ～ 10.8Hz 频率范围较大，其中 2.3 和 4.8Hz 左右是幅值最大的频率位置范围，另外，从整个频率范围内的频率成分来看，结构底部基础的扭转地震反应频率成分比上部结构丰富的多。

主要原因一是通过结构隔震层及上部结构整体系统，对结构基础地震动起到滤波作用，二是结构对与其自振特性相近的频率成分放大，即结构地震反应的傅里叶谱主要包含了结构振动特征信息。

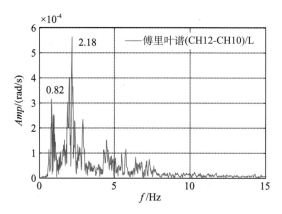

图 4.3 - 27　结构隔震层顶部角加速度傅里叶谱

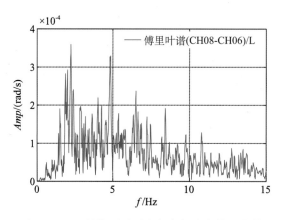

图 4.3 - 28　结构隔震层底部角加速度傅里叶谱

将结构屋顶及隔震层顶部扭转加速度反应记录的傅里叶谱分别与隔震层底部基础扭转加速度反应傅里叶谱求比值，可以得到傅里叶谱比，结果如图 4.3 - 29 所示，注意此时的谱比计算结果是假定上部结构扭转是由于基础扭转导致的，与实际的情况可能有所差异。根据两个谱比结果，结构前两阶扭转振动频率在 0.88 和 1.68Hz 左右，第一阶与上部结构扭转反应的傅里叶谱结果一致，二阶稍小于傅里叶谱结果。

如果将结构屋顶扭转角加速度时程的傅里叶谱与隔震层顶部扭转角加速度时程的傅里叶谱求谱比，得到结果如图 4.3 - 30 所示。与图 4.3 - 29 中的谱比结果相比，没有十分明显的卓越频率出现，并且也极不规则，在频率成分 1.5Hz 附近的谱比幅值也比以隔震层底部基础扭转地震反应为输入的谱比幅值小很多。同时结合图 4.3 - 29 和图 4.3 - 30 中的傅里叶谱比结果分析，可以确定本建筑结构的隔震支座层在地震中发生了较大的扭转地震反应，这一点在结构扭转地震反应分析中已有所体现。

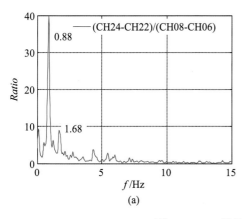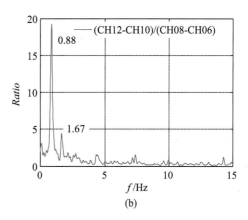

(a)　　　　　　　　　　　　　　　　　(b)

图 4.3-29　结构角加速度傅里叶谱比

(a) 屋顶与隔震层底部基础；(b) 隔震层顶部与隔震层底部基础

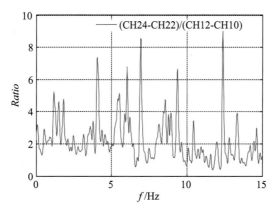

图 4.3-30　结构屋顶与隔震层顶部傅里叶谱比

5. 结构竖向振动特性分析

由前述对结构隔震层上部和下部的竖向加速度和位移分析可知，结构隔震层对竖向地震作用有一定放大作用。对于结构西侧测点获得的竖向地震反应记录而言，隔震层顶部 CH02 通道及隔震层底部 CH01 通道获得的结构竖向加速度反应记录及其傅里叶幅值谱如图 4.3-31 所示。由图可知，结构隔震层顶部的竖向峰值加速度要大于隔震层底部基础的竖向峰值加速度，但波形相差不大。从其傅里叶幅值谱来看，结构隔震层底部基础和隔震层顶部加速度反应记录的频率成分较为丰富且相差不大，但隔震上部加速度反应记录的傅里叶谱幅值要大于底部基础。无论结构隔震层底部还是顶部，在 1.8Hz 左右和 4.4Hz 左右都有两个相对较大的幅值出现，其中最高幅值对应的频率为 4.4Hz。

将结构隔震层顶部楼板和底部基础的加速度反应记录的两个傅里叶谱求谱比，得到计算结果如图 4.3-32 所示，可知在 0~7.5Hz 低频范围内，放大作用不是很明显，只在频率 4.4Hz 左右有稍微放大，但在 7.5~13Hz 频率范围内有某些频率成分放大明显，特别 12Hz

左右放大较大。分析结果一方面说明结构的竖向振动频率较高，这也是为什么隔震层上、下的加速度反应差别较大而位移差别小的主要原因。另一方面，也可能是由于高频范围内傅里叶谱的幅值均较低，两个较低的幅值相除得到较大数值的原因。

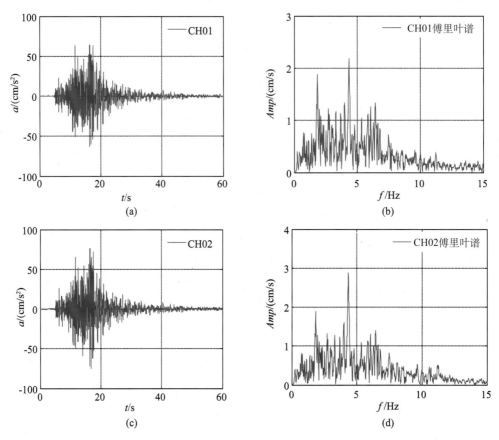

图 4.3 - 31　结构西侧竖向加速度反应时程及傅里叶谱
（a）隔震层底部；（b）隔震层底部；（c）隔震层顶部；（d）隔震层顶部

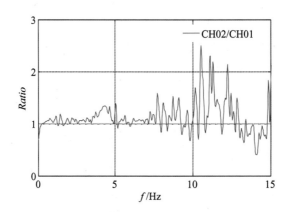

图 4.3 - 32　结构西侧竖向加速度傅里叶谱比

对结构东侧测点获得竖向地震反应记录而言，隔震层顶部 CH04 通道及隔震层底部 CH03 通道竖向加速度记录及其傅里叶幅值谱如图 4.3 - 33 所示，结果与结构西侧测点的加速度反应记录分析结果基本一致，只是隔震层上部和下部的竖向反应记录及其傅里叶谱差别比西侧结果要大。将结构隔震层上下的两个傅里叶谱求谱比，得到计算结果如图 4.3 - 34 所示。从谱比的幅值大小来看，放大作用比西侧放大作用要强，尤其对于 3.5Hz 以上的振动频率范围，放大更为明显。所以无论结构是西侧还是东侧，与结构水平向地震反应相比，结构竖向振动均以高频振动为主，且结构隔震层上部和下部的竖向加速度差别大而位移差别小。

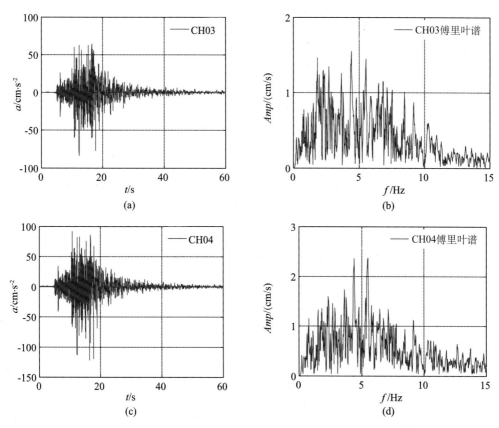

图 4.3 - 33　结构东侧竖向加速度反应时程及傅里叶谱
(a) 隔震层底部；(b) 隔震层底部；(c) 隔震层顶部；(d) 隔震层顶部

综合对结构振动特性分析结果可知，该隔震建筑结构在南北方向基本振动频率约为 0.77Hz，而结构东西方向基本自振频率约为 0.65Hz，即结构东西方向比南北方向偏柔。结构的基本振动频率明显小于结构基础地震动的主要振动频率（南北向隔震层底部基础地震动主要频率段南北向为 2~3Hz、东西向为 1~7Hz）。因此，通过在结构底部设置隔震支座采取隔震措施，降低了整体结构的振动频率，增长了结构的自振周期，避开了地震动的主要频率范围，从而大大降低了结构的地震反应水平。尽管 Northridge 地震中，该建筑结构附近自

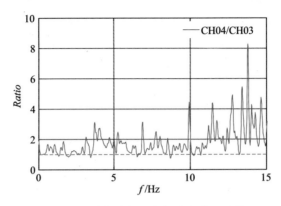

图 4.3 - 34　结构东侧竖向加速度傅里叶谱比

由场地及结构隔震层底部基础的峰值加速度分别达到了 0.48g 和 0.36g, 但上部结构的地震反应并不是很大, 结构屋顶的地震反应峰值加速度最大也仅为 0.18g 左右。总体评价而言, 该建筑结构隔震措施还是较为成功的, 起到了较好的减隔震效果, 保护了上部主体结构在地震中遭受损伤破坏。

4.3.6　结构楼板反应谱计算

本部分选择本隔震建筑结构中心位置测点获得的两个方向加速度反应记录时程, 计算了结构各层的楼板反应谱, 分析了隔震结构楼板反应谱的特点, 并与结构隔震层底部基础加速度记录的反应谱进行了对比。

1. 结构东西向楼板谱

结构中心位置东西方向地震反应测点从下往上依次为隔震层底部基础 CH07、隔震层顶部 (Lower Level) CH11、第 4 层楼板 CH15、第 6 层楼板 CH19、屋顶 CH23 等 5 个通道。这 5 个通道在 Northridge 地震中获得的结构东西方向加速度地震反应时程如图 4.3 - 35 所示。由图可知, 结构隔震层底部基础的峰值加速度要大于上部主体结构各楼层的地震反应峰值加速度, 尤其比结构隔震层顶部测点的峰值加速度大很多。

对结构不同楼层的这 5 条加速度地震反应记录时程, 分别计算其阻尼比为 5% 的加速度反应谱, 结果如图 4.3 - 36a 所示, 对反应谱进行标准化处理后, 得到标准化反应谱, 结果如图 4.3 - 36b 所示。由图可知, 结构隔震层底部基础加速度记录的反应谱在 0~0.8s 范围幅值较大, 峰值出现在 0.28s, 这也在一定程度反映了结构所在场地的振动特征。对上部主体结构而言, 在 0~1.5s 范围加速度反应谱的谱值均较大, 在 0.3s (3.3Hz)、0.55s (1.82Hz) 和 1.4s (0.7Hz) 左右的幅值较大, 特别是结构屋顶加速度地震反应记录的反应谱更为明显。另外, 上部结构楼板的加速度反应谱在 1.4s 左右都出现一个较大的谱值, 而结构隔震层底部基础加速度记录的反应谱则未出现, 所以上部主体结构楼板反应谱也在一定程度上反映了本隔震结构的振动特性。

从上述分析可知, 在对这些楼层的附属结构、非结构构件或各类设备进行抗震设计与分析时，应使其自振周期尽量避开上部主体结构这些主要振动周期，以免发生共振地震反应而产生较大地震损伤破坏。

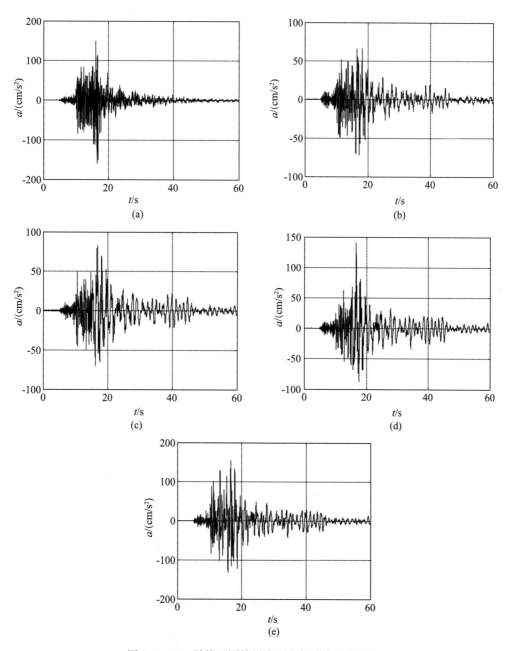

图 4.3－35 结构不同楼层东西向加速度反应时程

（a）隔震层底部 CH07 加速度记录；（b）隔震层顶部 CH11 加速度记录；

（c）第 4 层 CH15 加速度记录；（d）第 6 层 CH19 加速度记录；（e）屋顶 CH23 加速度记录

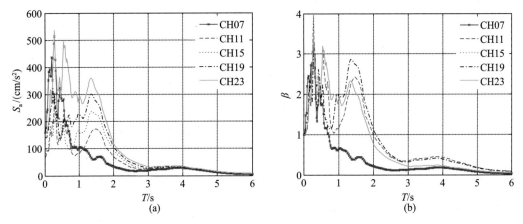

图 4.3 - 36　结构各层东西向楼板反应谱（阻尼比 5%）

（a）加速度反应谱；（b）标准化加速度反应谱

2. 结构南北向楼板谱

结构中心位置南北方向地震反应测点从下往上依次为隔震层底部基础 CH05、隔震层顶部（Lower Level）CH05、第 4 层楼板 CH13、第 6 层楼板 CH17、屋顶 CH21 等 5 个通道。这 5 个通道在 Northridge 地震中获得的结构南北向加速度地震反应时程如图 4.3 - 37 所示，结构加速度反应峰值与东西方向加速度反应峰值分布趋势相同，即结构隔震层底部基础的峰值加速度要大于上部结构各层的地震反应峰值加速度，尤其比隔震层顶部测点的峰值加速度大很多。

对结构不同楼层的这 5 条加速度地震反应记录时程，分别计算阻尼比为 5% 的加速度反应谱，得到结构不同位置的楼板加速度反应谱，结果如图 4.3 - 38a 所示，对应的标准化反应谱如图 4.3 - 38b 所示。可以看出，结构隔震层底部基础位置的加速度反应谱峰值在 0.4s 左右较大，而隔震层上部的主体结构各层加速度反应记录的楼板反应谱在 0.3~0.6 和 0.8~1.6s 两个周期范围幅值较大，在 0.6s（1.67Hz）左右和 1.3s（0.77Hz）左右出现峰值，分别对应结构南北方向的第 2 阶和第 1 阶振动周期。与结构东西向楼板反应谱特征相同的是，上部主体结构楼板加速度反应谱在 1.3s 左右出现一个较大的峰值，而隔震层底部基础加速度记录的反应谱则未出现。

根据结构楼板反应谱的频谱特征，在对结构不同楼层或位置的附属结构、非结构构件或各类设备进行抗震设计与分析时，也应使其自振周期尽量避开该方向的这些主要振动周期，以避免地震中发生共振放大反应而产生较大地震损伤破坏。除此以外，这些楼板谱也是结构不同位置或楼层的附属结构、非结构构件等抗震设计时确定地震荷载的重要依据。

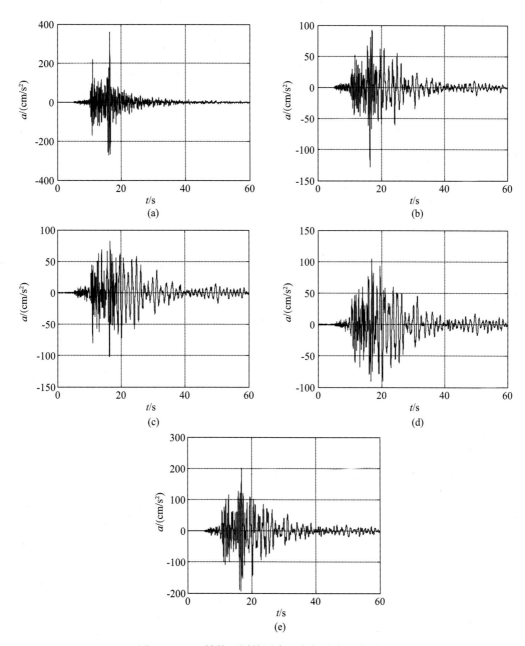

图 4.3－37　结构不同楼层南北向加速度反应时程
（a）隔震层底部基础 CH05 加速度记录；（b）隔震层顶部 CH09 加速度记录；
（c）第 4 层 CH13 加速度记录；（d）第 6 层 CH17 加速度记录；（e）屋顶 CH21 加速度记录

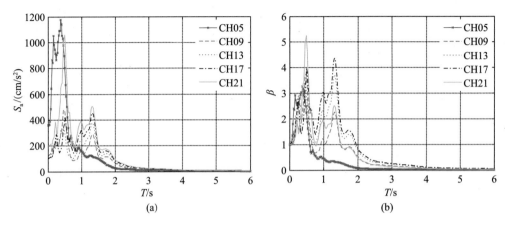

图 4.3 - 38　结构南北向楼板反应谱（阻尼比 5%）

（a）加速度反应谱；（b）标准化加速度反应谱

4.4　小结

　　本章以一个常规建筑结构地震反应观测台阵和一个隔震结构地震反应观测台阵为例，分析和讨论了其在地震中获得的结构地震反应记录特征，给出了结构不同地震反应参数以及结构不同振动特性参数的分析和计算过程，并根据分析结果简要评价了结构地震反应性态，研究过程和分析步骤可供其他建筑结构的地震反应记录分析参考。

参　考　文　献

大崎顺彦著，田琪译，2008，地震动的谱分析入门，北京：地震出版社

周雍年，2011，强震动观测技术，北京：地震出版社

Celebi M, 2006, Recorded Earthquake Responses from the Integrated Seismic Monitoring Network of the Atwood Building, Anchorage, Alaska, Earthquake Spectra, 22（4）：847~864

COSMOS, 2001, Invited Workshop on Strong-Motion Instrumentation of Buildings, COSMOS Publication No. CP-2001/04

USGS, 2005, Guideline for ANSS Seismic Monitoring of Engineered Civil Systems-Version 1. 0（Public Review Draft），Prepared by the ANSS Structural Instrumentation Guideline Committee, USGS Open-File Report 2005 - 1039

第五章　结构强震观测记录应用

5.1　引言

建筑结构安装地震反应观测台阵，并在地震中获得反应记录，相当于对原型结构进行了一次实际地震动输入试验，因为世界范围内安装地震反应观测台阵的建筑结构数量极其有限，且经历大震并获得地震反应记录的建筑结构更少，因此结构地震反应记录数据是相当宝贵的。人们可以利用这些结构真实的地震反应记录，对结构抗震性能及地震破坏机理进行研究，从而改善结构抗震设计与分析方法，或利用结构地震反应记录，识别结构的振动参数，对结构进行损伤识别及安全状态评估。本章主要通过几个实例，例举了结构地震反应记录的几种常见应用，包括结构数值模型验证、结构模态参数识别与损伤评估以及结构自振周期经验公式统计回归等几个方面。

5.2　结构数值模型验证[*]

建筑结构地震反应数值模拟分析是结构抗震性能研究及抗震设计等工作的一项重要内容，其中建立结构数值模型的正确性与准确性是该项工作的重要基础。结构在地震中获得地震反应记录，便可以对结构建立数值模型并进行数值模拟分析，将结构地震反应数值模拟结果与实际的结构地震反应记录进行对比，便可确定所建立结构数值模型的准确性及分析结果的可靠性，或帮助选择建立结构数值模型的合理方法，以及分析中选择合适的结构本构关系模型。分析结果除了可以用于获得地震反应记录结构的评估之外，也可以为其他相同类型结构的地震反应数值模拟及抗震性能评估提供参考。

5.2.1　结构基本概况

本文采用的建筑结构算例为我国四川矿山（机器）集团公司办公楼，该建筑结构位于四川省江油市川矿公司院内，共 4 层，第 1 层用途为库房，第 2~4 层用途为办公室，钢筋混凝土（RC）框架结构承重体系，建筑总面积为 1934m²。该建筑结构平立面形状较为规则，填充布置较多，分布比较均匀，如图 5.2 - 1 所示。在结构抗震设计方面，该建筑结构抗震设防烈度为 7 度，设计基本地震加速度为 0.10g，第二组；建筑结构场地类别为 Ⅱ 类，建筑结构安全等级为二级，框架抗震等级为三级，抗震设防类别为丙类。

---

[*] 本项内容由戴君武研究员提供

　　该建筑结构采用RC框架结构承重体系，第1层填充墙采用页岩砖砌筑，第2~4层填充墙及女儿墙采用粘土空心砖砌筑。在2008年"5·12"汶川8.0级大地震中，该建筑结构震害较为明显，破坏形式以非结构性破坏为主，且大部分震害分布在结构第1层，主要破坏集中在门窗洞口以及梁柱与墙交界处，如填充墙上部与梁交界处产生水平裂缝，填充墙与柱交界处产生竖向裂缝等等，主要原因是由于填充墙与主体框架结构之间变形不协调导致。建筑结构第2层震害非常轻微，仅有少数填充墙产生细微裂缝及楼板预制板板间裂缝，第3层和第4层基本没有震害产生（管庆松，2009）。

图 5.2-1　四川矿山（机器）集团公司办公楼

5.2.2　结构地震反应记录

　　2008年"5·12"汶川大地震发生后，中国地震局工程力学研究所戴君武研究员团队在该建筑结构上布设了地震反应观测系统。这种临时在结构上建立地震反应观测台阵的方法，属于流动强震动观测范畴，一般在震级较大的地震后开展，因为大地震后往往会发生一些较强的余震，通过临时布设的强震观测台站或台阵，可以获取余震中地面强震动记录或结构地震反应记录。该临时地震反应观测系统共设置了12个加速度观测测点，分别观测建筑结构第1~4层三个方向（长轴向、横向、竖向）的加速度地震反应。

　　2008年5月25日下午4时22分，青川县发生了一次6.4级地震，该次地震是"5·12"汶川大地震的一次强余震。由于该建筑结构所处地理位置距离该次强余震震中较近，当地人们普遍震感强烈，房屋建筑振动剧烈，所布设的流动强震观测系统成功采集到了这次强余震中该建筑结构的地震加速度反应数据。根据所获得的结构地震反应加速度记录，该建筑结构第1~4层各层水平方向加速度反应峰值在长轴方向（即纵向，定义为 X 向）分别为83.6、100.3、155.9 和 187.3cm/s²，在短轴方向（即横向，定义为 Y 向）分别为47.8、119.6、110.8 和 121.9cm/s²，结构的加速度反应峰值由地面至屋顶基本呈现出逐层增大的趋势。采集到的建筑结构长轴方向与短轴方向的地震反应加速度记录时程分别如图 5.2-2、

图 5.2-3 所示。本文主要利用这些加速度地震反应记录，对结构常见的几种数值建模方法进行了对比与分析，主要将不同数值建模方法的地震反应模拟结果与实际地震反应记录进行了对比，通过研究两者之间的差异，评价了结构不同数值建模方法的有效性。

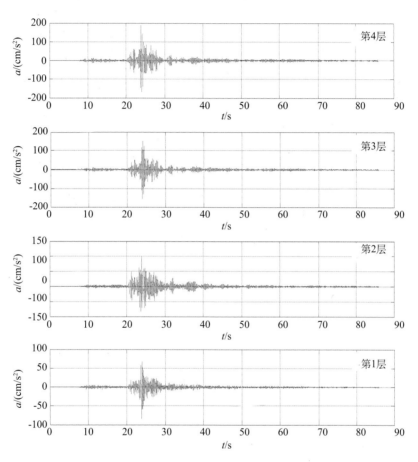

图 5.2-2　结构长轴方向地震反应加速度记录

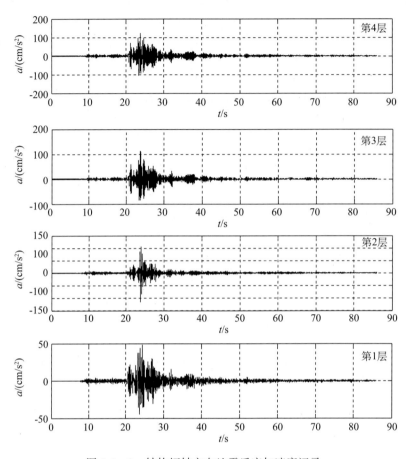

图 5.2-3　结构短轴方向地震反应加速度记录

5.2.3　结构数值模型建立

　　RC 框架结构由于结构体系简单、抗震性能良好以及空间分隔使用方便等优点，是目前我国城镇建筑主要结构形式之一。由于使用功能需要，RC 框架结构不可避免会采用不同类型填充墙对建筑空间进行分隔，而填充墙对 RC 框架结构的刚度等有较大影响，进一步会影响结构的地震反应及损伤破坏模式。因此，在对 RC 框架结构进行地震反应分析及抗震性能评估中，除了要建立主体框架结构模型外，还要采用合理的模拟方式考虑填充墙对 RC 框架结构的影响。特别是在数值建模分析中，需要注意填充墙门窗洞口的影响，采用不同的简化模型，对填充墙进行数值模拟。

　　针对上述获得地震反应记录的四川矿山（机器）集团公司办公楼，建立了 4 个不同的数值模拟模型，分别考虑楼板、填充墙以及不同建模方法影响。模型 I 为纯框架结构模型，只考虑了梁柱，而未考虑填充墙及楼板，但将填充墙和楼板作为荷载转化到框架上；模型 II 为纯框架带楼板模型，未考虑填充墙的影响，但将填充墙作为荷载转化到框架上；模型 III 为考虑填充墙影响的等效斜撑模型，且模型带楼板；模型 IV 为等效三支撑（Wale）与等效斜撑混合模型，无开洞填充墙采用 Wale 等效三支撑模型模拟，有开洞填充墙采用等效斜撑模拟，且模型带楼板；根据上述规则建立的 4 个模型如图 5.2 - 4 所示。

　　由于本文的重点不是讨论 RC 框架结构与填充墙的数值建模方法及其抗震性能等内容，因此这里略去了数值建模中主体结构几何参数、材料参数、材料模型等细节确定的具体过程，以及填充墙如何等效为斜撑的具体方法与步骤，只给出了最终的结构数值建模结果，并在下一节开展结构地震反应分析，并与实际的结构地震反应记录进行对比。

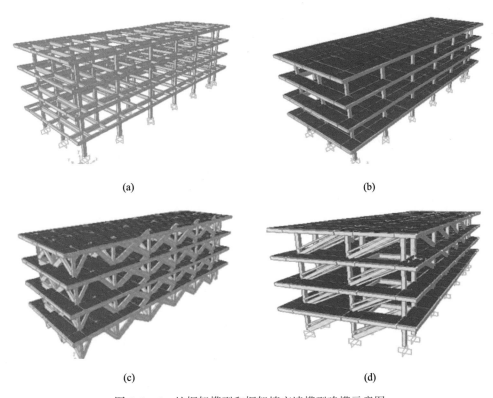

(a)　　　　　　　　　　　　　　　　　(b)

(c)　　　　　　　　　　　　　　　　　(d)

图 5.2 - 4　纯框架模型和框架填充墙模型建模示意图
（a）模型Ⅰ：纯框架模型；（b）模型Ⅱ：纯框架带楼板模型；
（c）模型Ⅲ：填充墙等效斜撑模型；（d）模型Ⅳ：等效三支撑模型（Wale）

5.2.4　结构模型数值分析

　　该建筑结构在遭遇青川 6.4 级强余震中，主体结构基本保持完好，局部填充墙在汶川地震中产生的裂缝更加明显，主要体现在梁柱结构构件与填充墙交界处竖向裂缝进一步加宽。将地震中采集到的结构第 1 层地面的加速度记录作为输入地震动，分别输入上述 4 个模型，进行结构地震反应分析。由图 5.2 - 2 和图 5.2 - 3 可知，结构第 1 层地面地震动记录的前 7s 为地震事件前环境振动噪声数据，幅值很小，在结构地震反应分析时去掉了该部分数据，并将去掉地震事前数据的记录截取了 35s 强震动段作为输入地震动，也是因为 35s 之后地震动较弱。通过对比各个模型计算模拟得到的地震反应与实际测量的地震反应记录，便可以评价、检验与验证哪一种结构数值模型更为合理，或更适用于 RC 框架–填充墙结构体系数值建模与地震反应分析。

　　这里只给出了建筑结构第 2 层加速度反应时程的对比结果，并且只对比了结构横向即短轴向的地震反应（Y 向），其余对比情况类似。由结构 4 个数值模型计算分析得到的模拟加速度反应时程与地震中记录到的实际地震加速度反应时程对比结果分别如图 5.2 - 5 至图 5.2 - 8 所示，图中同时给出了加速度反应峰值附近局部放大图，以便使结果对比显示的更为清晰。结构长轴方向的模拟地震反应与实测地震反应记录对比结果和结构横向地震反应的对比结果极为相似，本文不再赘述。

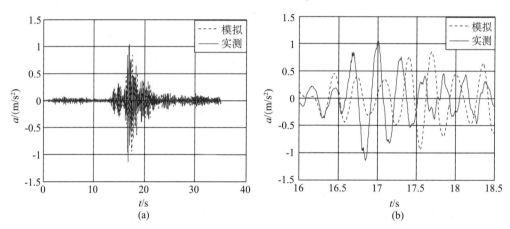

图 5.2 - 5　模型 I 加速度地震反应模拟结果与实测加速度反应记录比较
（a）加速度反应记录时程对比；（b）峰值加速度附近局部放大

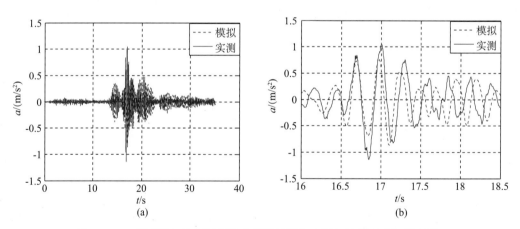

图 5.2 - 6　模型 II 加速度地震反应模拟结果与实测加速度反应记录比较
（a）加速度反应记录时程对比；（b）峰值加速度附近局部放大

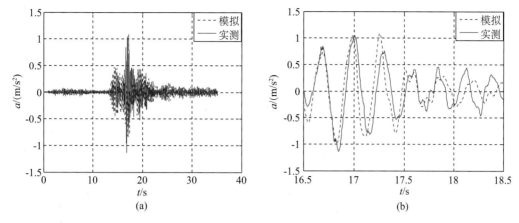

图 5.2-7 模型Ⅲ加速度地震反应模拟结果与实测加速度反应记录比较

（a）加速度反应记录时程对比；（b）峰值加速度附近局部放大

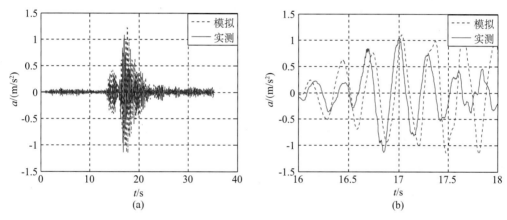

图 5.2-8 模型Ⅳ加速度地震反应模拟结果与实测加速度反应记录比较

（a）加速度反应记录时程对比；（b）峰值加速度附近局部放大

5.2.5 结构模型对比分析

通过对比结构模拟地震反应与实测地震反应时程数据或者反应时程的频谱特性，可以在一定程度上评价所建立结构数值模型的有效性，或对结构数值模拟模型进行修正，以在结构数值模拟分析中得到较为符合实际的结构地震反应，从而更准确地评估结构抗震性能及地震性态。

本文主要从时域的结构地震反应进行对比，从 4 个模型的数值模拟分析结果与实际记录的加速度地震反应对比来看，模型Ⅰ纯框架结构模型因为没有考虑楼板及填充墙对结构的刚度影响，地震反应模拟效果较差，说明在 RC 框架结构数值模拟中，不宜采用这种既不考虑楼板又不考虑填充墙刚度贡献的有限元数值模型。模型Ⅱ因为考虑了楼板的影响，地震反应模拟结果比不考虑楼板纯框架模型结果稍好。模型Ⅲ因为考虑了楼板及填充墙的刚度贡献，模拟结果较好，数值模拟得到的地震反应记录与实测地震反应记录比较相近，特别是加速度反应峰值附近，模拟与实测的加速度峰值以及波形均吻合较好，表明在 RC 框架结构数值模拟与地震反应分析中，需要考虑楼板影响，并可采用等效斜撑模型考虑填充墙的刚度影响。模型Ⅳ尽管也考虑了楼板及填充墙的影响，但模拟结果不如模型Ⅲ理想，说明尽管 Wale 模型分析填充墙钢框架结构比较合理，但对于该模型在 RC 框架结构数值模拟中考虑填充墙影响的有效性仍有待进一步改进，或需要进一步对 RC 框架结构填充墙的等效方法进行合理检验。

　　通过对同一 RC 框架结构建立 4 个不同类型的数值分析模型，并开展地震反应时程分析，比较结构各层模拟加速度与实测加速度记录时程，基本可以得出，考虑楼板和填充墙等效斜撑模型的模拟结果与实测地震反应记录有较好的可比性，加速度反应时程在形状上比较近似，峰值加速度反应也较为接近，表明等效斜撑模型模拟 RC 框架填充墙结构具有一定的合理性和有效性，并且在结构数值模拟中需要考虑楼板的影响。另外，除了从时域对结构地震反应进行对比外，也可以对结构地震反应进行傅里叶变换，从频域范围内对结构地震反应进行对比。值得说明的是，结构建立数值模型后，也可以通过模态分析确定结构的模态频率等模态参数，然后与实测的结构振动频率等模态参数对比，从而对结构数值模型进行修正或检验，得到更为符合实际的结构数值分析模型，并进一步开展不同地震动作用下的结构抗震性能及地震性态分析。

5.3　结构参数识别

　　结构参数识别是结构损伤识别、健康诊断和损伤评估的重要基础之一，通过结构参数识别可以确定和发现结构动力特性参数及其变化情况，如频率降低、阻尼比增加、刚度下降等等，而通过分析结构各类参数的变化情况，可以对结构地震损伤进行诊断和评估，为结构安全鉴定以及震害评估提供可靠依据。实际在前述第三章中，已经给出了一个日本建筑结构的非时变及时变参数识别算例，第四章中也对两个建筑结构的振动频率参数进行了简单分析，这里给出另外一个建筑结构参数识别及损伤评估实例。

5.3.1　建筑结构及其强震记录

　　本部分采用我国台湾省某高校的一座建筑物进行结构模态参数识别作为应用算例。该建筑是一座 7 层钢筋混凝土框架结构，1992 年建设完工，地下 1 层地下室，地上 7 层，场地条件为坚硬土，基础采用筏式基础，承重体系为钢筋混凝土梁柱框架系统，整个建筑总高度为 26.8m，如图 5.3-1 所示。该建筑结构在 1999 年 "9·21" 集集大地震中遭受了中等程度破坏。

　　该建筑结构上布设安装了地震反应观测系统，共设置了 29 个加速度传感器，根据罗俊雄教授（Loh 等，2001）提供的资料显示，该建筑结构在四次地震中获得了不同水平的加速度地震反应记录，其中包括 1999 年 "9·21" 集集大地震，同时在集集地震中发生了中等程度损伤破坏。该建筑物立面图如图 5.3-2 所示，结构地震反应观测系统的测点及观测方向具体布置情况如图 5.3-3 所示，图中数字表示通道号，观测系统的第 1、第 2 及第 3 通道在该建筑结构西南角的自由场地上，分别测量建筑结构附近场地的三分量地面运动情况，图

图 5.3 - 1 建筑物照片（摘自该校官方网站）

5.3 - 3 中没有给出。该建筑结构地震反应观测台阵是一个典型的常规结构强震动观测台阵，除了可以观测结构的水平方向振动外，还可以通过设置在结构两侧的测点，对结构扭转地震反应进行分析，另外通过设置在结构地下室及顶层屋面的竖向地震反应观测测点，实现对结构竖向地震反应的观测。

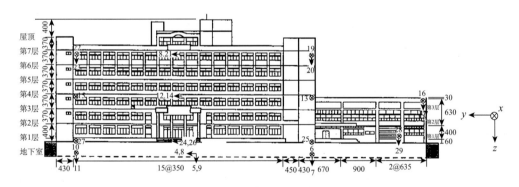

图 5.3 - 2 建筑结构立面图（Loh et al.，2001）

本建筑结构布设的地震反应观测台阵曾在 1999 年 "9·21" 集集大地震及其之前发生的三次小地震共计 4 次地震中获得结构地震反应记录，其中前三次地震中的结构加速度地震反应水平较低，峰值加速度较小，而在集集地震中获得的加速度地震反应水平较高，峰值加速度较大。在所有 4 次地震中，该结构强震观测台阵的 29 个通道均获得了加速度地震反应记录，根据该建筑结构本身的特点，本文只采用了结构主楼的地震反应记录识别结构参数。另外，为了消除结构平动和扭转的耦合作用，分析中采用如下假定：结构的形心和质心重合，这样可以将结构两侧测点的加速度地震反应记录利用插值方法转移到形心处。在四次地震中，结构地下室地面、第 1 层地面、第 4 层和第 7 层屋顶的加速度地震反应记录处理后转

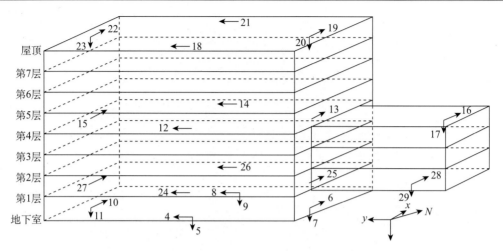

图 5.3 - 3   建筑结构地震反应观测系统测点布置图（Loh 等，2001）

移到形心处的记录时程分别如图 5.3 - 4 至图 5.3 - 7 所示。由图可以看出，随着结构层数的往上，结构地震反应的加速度峰值在增加，即越往结构上部结构的地震反应越大；对比结构地下室记录和与地面平行的第 1 层地面加速度记录可以发现，两者相差不是很大，主要是由于坚硬土层对地下室的嵌固作用导致。因此，在利用结构地震反应记录识别结构模态参数时，本文采用与地面平行的结构第 1 层地面的加速度记录作为输入，而将结构第 4 层和屋顶的加速度反应记录作为输出。本文分别将这四次地震标记为"1995.02.23 地震""1995.06.25 地震""1996.03.05 地震"和"1999.09.21 地震"。

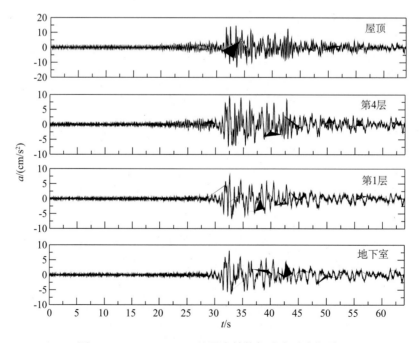

图 5.3 - 4   1995.02.23 地震中结构加速度反应记录

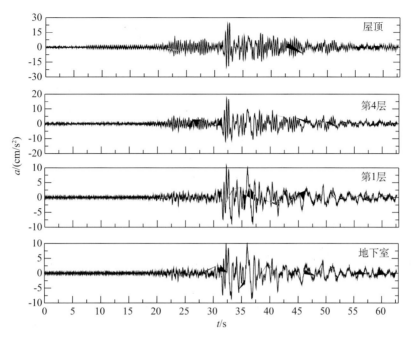

图 5.3－5 1995.06.25 地震中结构加速度反应记录

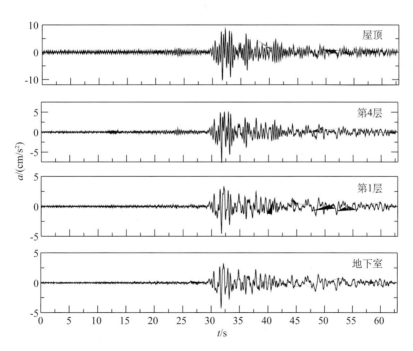

图 5.3－6 1996.03.05 地震中结构加速度反应记录

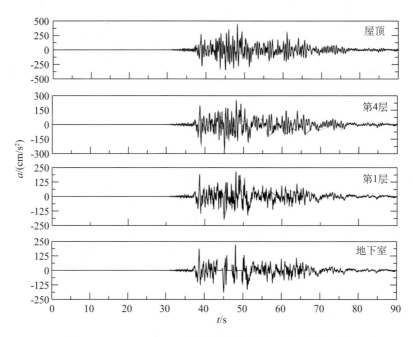

图 5.3 - 7　1999. 09. 21 集集地震中结构加速度反应记录

5. 3. 2　结构非时变参数识别

根据该建筑结构获得的地震反应记录可知，在前三次小地震中的结构各层加速度地震反应均比较小，结构也没有发生地震损伤破坏，因此可以假定结构为系统线性时不变系统，可以采用 ARX 系统辨识方法对结构模态参数进行识别。

1. 1995 年 2 月 23 日地震反应记录识别

利用 1995 年 2 月 23 日地震中结构加速度地震反应记录，采用 ARX 系统辨识算法，识别得到结构模态参数，识别所得结果如图 5.3 - 8 所示，识别中分别以结构第 4 层和屋顶加速度地震反应记录为输出，结构第 1 层地面的加速度记录为输入。结构第 4 层和屋顶的识别结果和实际地震反应加速度记录对比分别如图 5.3 - 8a 与图 5.3 - 8b 所示。由于在整个地震过程中结构没有发生时变行为，且由图 5.3 - 4 可知结构加速度反应记录的头段（30s 之前）为环境振动数据，幅值非常小，这里使用了 30~50s 的加速度地震反应数据进行识别。从对比结果来看，识别结果的误差还是非常小的，结构第 4 层的误差为 0.007，结构屋顶的误差为 0.018，可见识别结果还是相当精确的。

由结构第 4 层和屋顶加速度地震反应记录识别得到的传递函数如图 5.3 - 9 所示，从传递函数的幅值来看，对结构地震反应有贡献的主要是前两阶振型，第三阶及以上振型的模态频率对应的幅值非常小。传递函数对应的结构振动频率见表 5.3 - 1 所示，识别的结构阻尼比参数同时也列于表 5.3 - 1，表中只给出了前三阶模态的识别结果。从结构前三阶模态参数的识别结果来看，无论利用结构第 4 层地震反应记录，还是利用结构屋顶地震反应记录，都可以识别出结构的模态频率和阻尼比,并且结果相差不大。利用此次地震中结构第4层和屋顶的加速度地震反应记录识别的结构自振频率均为3.26Hz。因为此次地震较小,结构加速度地震反应水平较低,结构在此次地震中没有发生损伤破坏,所以该振动频率反映了结构完好状态时的自振特性。

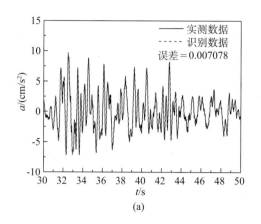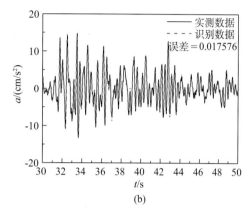

图 5.3-8　1995 年 2 月 23 日地震反应记录识别结果

(a) 第 4 层实测和识别数据对比;(b) 屋顶实测和识别数据对比

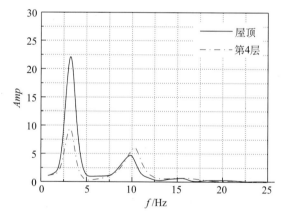

图 5.3-9　1995 年 2 月 23 日地震反应记录识别传递函数

表 5.3-1　3 次小震识别综合结果

地震日期	记录位置	模态Ⅰ		模态Ⅱ		模态Ⅲ	
		频率/Hz	阻尼比/%	频率/Hz	阻尼比/%	频率/Hz	阻尼比/%
1995.02.23	第 4 层	3.26	4.15	10.42	3.35	15.74	5.02
	屋顶	3.26	4.00	9.74	3.45	15.72	7.16
1995.06.25	第 4 层	3.18	3.13	10.15	3.08	15.47	5.48
	屋顶	3.20	2.91	9.53	2.86	15.76	6.28

地震日期	记录位置	模态 I		模态 II		模态 III	
		频率/Hz	阻尼比/%	频率/Hz	阻尼比/%	频率/Hz	阻尼比/%
1996.03.05	第4层	3.18	3.13	10.11	1.93	15.39	7.02
	屋顶	3.18	3.05	9.49	2.74	15.79	7.64
平均结果	/	3.21	3.40	9.91	2.902	15.64	6.43

2. 1995 年 6 月 25 日地震反应记录识别

利用结构在 1995 年 6 月 25 日地震中的加速度地震反应记录数据，采用相同的方式识别结构模态参数，所得结果如图 5.3 - 10 所示，识别中同样分别以结构第 4 层和屋顶的加速度地震反应记录为输出，结构第 1 层地面加速度记录为输入。结构第 4 层和屋顶的地震反应识别结果和实际地震反应记录对比分别如图 5.3 - 10a 和图 5.3 - 10b 所示。由于在整个反应记录时间段内结构没有发生时变非线性行为，如同前一次地震一样，这里也使用了 30~50s 的加速度地震反应记录数据进行识别。从对比结果来看，识别误差还是非常小的，其中结构第 4 层识别误差为 0.011，屋顶误差为 0.012。

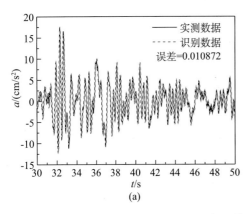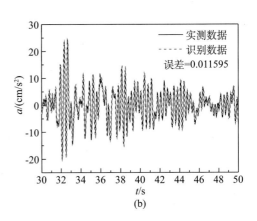

图 5.3 - 10　1995 年 6 月 25 日地震反应记录识别结果
(a) 第 4 层实测和识别数据对比；(b) 屋顶实测和识别数据对比

由此次地震中结构第 4 层和屋顶的加速度地震反应记录识别得到的传递函数如图 5.3 - 11 所示，从传递函数的幅值来看，在此次地震中对结构地震反应有贡献的主要是前两阶振型，第三阶及以上模态频率对应的幅值已经很小。从结构前三阶振动频率识别结果来看，无论利用结构第 4 层地震反应记录还是利用结构屋顶地震反应记录，都可以识别出结构的模态频率和阻尼比，并且识别结果相差不大。利用此次地震中结构加速度地震反应记录识别的结构自振频率，其中结构第 4 层记录的识别结果为 3.18Hz，而结构屋顶记录的识别结果为 3.20Hz，两者差别不大，但均比利用前一次地震反应记录的识别结果要小一些，识别结果同样列入表 5.3 - 1，以作对比。

第五章 结构强震观测记录应用 ·155·

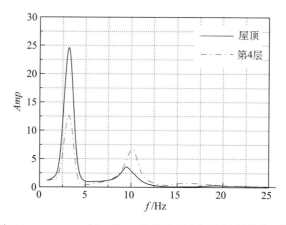

图 5.3 - 11 1995 年 6 月 25 日地震反应记录识别传递函数

3. 1996 年 3 月 5 日地震反应记录识别

利用 1996 年 3 月 5 日地震中的加速度地震反应记录识别结构参数，识别结果如图 5.3 - 12 所示，同样分别以结构第 4 层和屋顶的加速度反应记录为输出，结构第 1 层地面加速度记录为输入进行识别。结构第 4 层和屋顶的地震反应识别结果和实际地震反应记录对比分别如图 5.3 - 12a 和图 5.3 - 12b 所示。由于在整个反应时间段内结构没有发生时变行为，如同前两次地震一样，这里也使用了 30 ~ 50s 的地震反应记录数据进行识别。从对比结果来看，识别的结构反应记录与实际的结构地震反应记录之间差别较小，第 4 层误差为 0.006，屋顶误差为 0.013，识别精度较高。

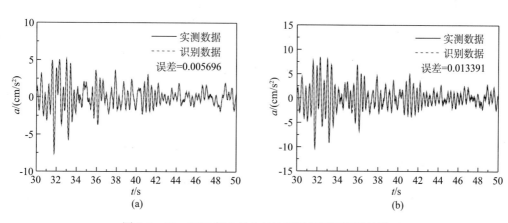

图 5.3 - 12 1996 年 3 月 5 日地震反应记录识别结果
(a) 第 4 层实测和识别数据对比；(b) 屋顶实测和识别数据对比

利用结构第 4 层和屋顶的加速度地震反应记录，识别得到的结构系统传递函数如图 5.3 - 13 所示，从传递函数的幅值来看，在本次地震中对结构地震反应有贡献的主要是前两阶振型，第三阶及以上模态频率对应的幅值很小。识别得到的结构前三阶模态频率和阻尼比也列在了表 5.3 - 1 中。从前三阶模态参数的识别结果来看，无论利用结构第 4 层的地震反应记录为输出，还是利用结构屋顶的地震反应记录为输出，都可以识别出结构的模态频率和阻尼比，并且结果相差不大。利用本次地震中结构第 4 层和屋顶加速度地震反应记录识别的结构自振频率均为 3.18Hz，该值和利用 1995 年 6 月 25 日第二次地震中结构地震反应记录的识别结果相差不大。

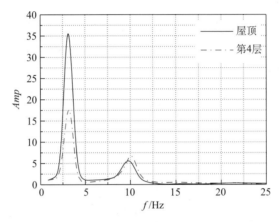

图 5.3 - 13　1996 年 3 月 5 日地震反应记录识别传递函数

　　根据利用 3 次小地震中结构地震反应记录识别的结构模态参数结果来看，利用 ARX 模型可以很方便地识别结构的模态频率和阻尼比，而从结构实测地震反应记录和识别记录数据的对比误差来看，识别精度还是相当精确的，识别误差均小于 2%，可见识别结果还是可信和可靠的。而从识别得到的传递函数结果来看，识别结果也比较好，可以分析出结构主要模态频率。

　　由于该建筑结构地震反应观测系统并不是在结构的每一层都获得了地震反应记录，因此，本文没有对结构的振型参数进行识别，如果地震中结构每一层都记录到了地震反应记录，则可以采用单输入-多输出的 ARX 系统辨识模型，识别和确定出结构的模态振型参数（公茂盛，2006），这里不再详细分析。

5.3.3　结构时变参数识别

　　通过前述对结构在 3 次小地震中的加速度地震反应记录分析与结构模态参数识别可知，结构在 3 次小地震中未发生地震损伤与破坏。但在随后 1999 年的"9·21"集集大地震中，该建筑结构发生了损伤破坏，结构震害调查结果显示，建筑结构破坏主要发生在第 1 层，一楼部分边柱底部与地板交接处产生裂缝，大量墙体产生开裂破坏，且结构的长向（东西向）比短向（南北向）震害损伤更为严重，其余各楼层大多数破坏属于非结构性填充墙破坏。实际上该建筑结构在集集地震中的加速度地震反应记录峰值较大，由图 5.3 - 7 可知，结构第 4 层达到了 260.15cm/s²，而结构屋顶加速度记录峰值达到 434.77cm/s²。由此可以说明，此时再将结构假定为线性-非时变系统是不甚合理的，必须考虑结构在地震中发生的时变行为。出于此考虑，本文采用第三章介绍的 RARX 系统辨识算法，对结构在集集地震中的加速度地震反应记录进行了分析，识别得到了结构模态参数在地震中的变化趋势。此前作者曾经分析过该结构系统的时变反应特性（公茂盛，2006），结果显示该建筑结构在记录时程的40~60s范围发生了时变反应，因此本文在识别结构在集集地震中的时变参数时，选取了结构加速度地震反应记录的35s到65s之间数据进行分析。这样既保证了在所分析的数据范围内结构处在时变反应阶段，又可以看出结构模态参数由非时变阶段进入时变阶段和跳出时变阶段的突变情况。

　　由结构第4层的加速度地震反应记录识别的反应结果和实际地震反应记录之间对比如图5.3-14所示，结构屋顶加速度地震反应记录识别结果和实际地震反应记录之间的对比如图5.3-15所示。从反应记录的识别结果对比以及识别误差来看，由于RARX是一种在线识别，识别的反应记录和实际结构的地震反应记录非常接近，两者之间几乎没有什么差别，即识别误差非常小，可以将识别得到的结构参数作为结构在地震中的时变参数。

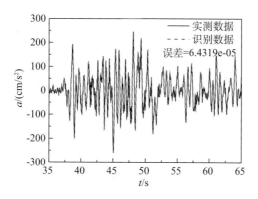

图 5.3-14　第 4 层识别记录和实测记录对比

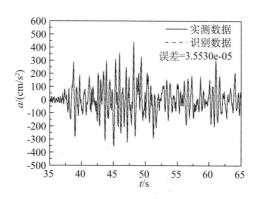

图 5.3-15　屋顶识别记录和实测记录对比

　　采用RARX系统辨识算法识别得到的结构模态频率和阻尼比是随时间逐渐变化的关系，即模态频率和阻尼比均是时间的函数。本文只给出了结构前三阶模态参数的时变过程情况，实际上，再高阶的模态频率对应的传递函数幅值非常低，这与利用大震前的3次小地震中反应记录的识别结果相似。利用结构第4层加速度地震反应记录识别得到的结构前三阶模态频率随时间的关系与趋势如图 5.3 - 16 所示，而利用结构屋顶加速度地震反应记录识别得到的结构前三阶模态频率随时间的变化趋势如图 5.3 - 17 所示。利用结构第 4 层和屋顶加速度地震反应记录识别得到的时变阻尼比分别如图 5.3 - 18 和图 5.3 - 19 所示。

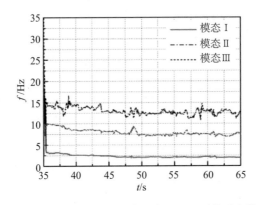

图 5.3 - 16　由结构第 4 层加速度反应记录识别的时变模态频率

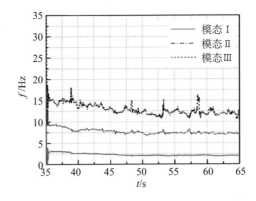

图 5.3 - 17　由结构屋顶加速度反应记录识别的时变模态频率

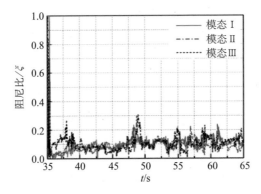

图 5.3 - 18　由结构第 4 层加速度反应记录识别的时变阻尼比

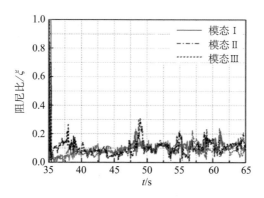

图 5.3 - 19　由结构屋顶加速度反应记录识别的时变阻尼比

从结构前三阶模态频率时变过程可以看出，结构振动频率在整个时变阶段内随时间的变化情况，整体呈现出下降趋势，且前三阶模态频率下降趋势相似，另外，结构时变过程中首、尾两端的识别结果分别代表了结构完好和损伤后的振动特性。根据结构模态频率变化趋势可以看出，结构振动频率在 40s 左右开始下降，一直到 60s 左右趋于稳定。中间下降比较平缓，说明结构一旦发生地震损伤破坏后，整个破坏过程是一个损伤累积过程。识别得到的结构前三阶阻尼比随时间变化则比较大，变化趋势较为剧烈，但总体上有上升的趋势，在由地震刚刚开始时非时变反应向时变反应转变的时刻，即 40s 左右处，结构阻尼比变化较大，特别是第一阶和第二阶模态阻尼比更为明显，如图 5.3 - 18 和图 5.3 - 19 所示。一般情况下，结构发生了地震损伤破坏，其阻尼比往往会增大，本文对结构阻尼比的识别结果符合这种常规。

5.3.4　结构地震损伤评估

1. 3 次小地震反应记录识别结果对比

从上述利用 3 次小震反应记录及一次大震反应记录对结构模态参数的识别结果可知，该建筑结构在大震前的 3 次小地震中未发生地震损伤破坏，而在集集地震中发生了损伤破坏，通过对结构参数进行对比分析，可以初步判定结构是否发生了地震损伤破坏以及损伤破坏程度。

由前述章节中表 5.3 - 1 可以看出，尽管在 3 次小地震中结构没有发生时变反应及地震损伤破坏，但由 1995 年 2 月 23 日地震中的结构地震反应记录识别的模态频率比利用后两次小地震中结构地震反应记录识别的模态频率要稍高，而利用后两次小地震中反应记录的识别结果相差不大。这可能是由于结构建成之后填充墙和梁柱之间存在了一定的弱连接作用，在经历了第一次小地震之后，这种弱连接作用得到消除，使得利用后两次小地震中结构地震反应记录识别的结构模态频率稍微偏低，但总体相差不是很大。该建筑结构由前三次小地震反应记录识别的前三阶模态频率平均值分别为 3.21、9.91 和 15.64Hz，而前三阶阻尼比为 3.40%、2.90% 和 6.43%，该结果可以看做是结构经历集集地震发生损伤破坏前、处于完好状态时的结构振动参数。

由前三次小地震中结构地震反应记录识别的结构系统传递函数对比结果如图5.3－20所示，从传递函数来看，利用前三次小地震中结构反应记录的识别结果相差不是很大，利用结构第4层和屋顶的加速度地震反应记录识别的前三阶模态频率比较好分辨和确定，只是第三阶模态频率对应的幅值较小，实际上，超过前三阶的模态频率对应的幅值均比较低。另外，从以上分析结果可以得出，在这三次小地震中，对结构地震反应起主要贡献的是前两阶模态振型。

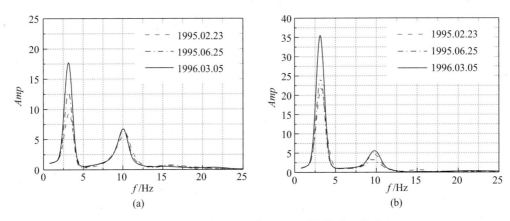

图5.3－20　3次小地震反应记录识别的传递函数对比
（a）结构第4层记录识别结果对比；（b）结构屋顶记录识别结果对比

2. 小震与大震反应记录识别结果对比

前述分析可知，采用3次小地震中的结构地震反应记录识别得到的结构模态参数可以代表结构完好状态的振动特性，而采用大地震中结构地震反应记录识别的时变参数首段可以代表结构完好状态，尾段可以代表结构发生了地震损伤后的状态，通过对比可以确定结构地震损伤的发生。对本建筑结构而言，通过对比小地震反应记录识别的结构参数和大震反应记录首段识别的参数可知，无论是振动频率还是阻尼比，由大地震反应记录数据识别的参数首段前三阶模态频率和由前三次小地震反应记录的识别结果非常相近。

但对比由大地震中反应记录识别结果的尾段数据与采用小地震反应记录的识别结果可以发现，若以3次小地震反应记录识别结果的平均值为对比，则由大地震反应记录识别结果的尾部数值比小震时前三阶模态频率分别下降了36.58%、25.38%和20.70%。可见该建筑结构在集集地震中确实发生了地震损伤破坏，实际上集集地震后结构震害调查结果显示，该建筑结构在集集地震中发生了中等程度的破坏，识别结果比较符合地震震害调查结果。

3. 大震中结构时变参数分析对比

既然利用大地震中结构地震反应记录识别的结构参数结果首段和利用小震地震反应记录的识别结果相似，则说明小地震反应记录的识别结果和大震反应记录首段识别结果都代表了结构完好状态时的振动参数，那么完全可以通过大地震中反应记录首段和尾段的识别结果对比，来检查和确定结构模态频率的变化情况。这对只经历过一次强震获得地震反应记录的建筑结构来讲，具有重要的现实意义，通过结构在一次地震中的地震反应记录即可将结构完好状态时和经历强震后破坏状态时的模态参数同时识别出来，并可以分析结构参数变化情况。

根据利用集集大地震中结构反应记录对模态参数的识别结果，前三阶模态频率尾段数值比首段数值均有所下降，其中利用结构第 4 层反应记录的识别结果，前三阶模态频率分别下降了 32.98%、25.73%、19.21%，而利用结构屋顶反应记录识别结果的尾段数值比首段数值前三阶模态频率分别下降了 33.33%、18.26%、14.55%，平均下降了 33.16%、22.13%、16.76%。对于结构的阻尼比参数而言，由结构第 4 层反应记录和屋顶反应记录识别的前三阶阻尼比平均值尾段比首段平均上升了 92.46%、49.56% 和 54.73%。因此，结构在强地震作用下损伤破坏过程中，其模态频率下降，阻尼比增加，据此可以判断该建筑结构在集集地震中遭受了中等程度的地震损伤破坏。

由上述分析可知，即使建筑结构没有获得小地震的反应记录，或者事先不知道其模态频率等振动参数，只要结构在某次地震中获得了地震反应记录，完全可以通过在线的 RARX 系统辨识算法，识别得到结构系统的时变参数，然后通过对比、分析地震开始和结束时的结构振动参数，确定建筑结构在地震中的参数变化情况，即得到结构完好时的模态参数和损伤后的模态参数及变化情况，从而确定地震中建筑结构地震损伤破坏的发生和程度。震害调查结果显示，本建筑结构地震破坏主要发生在第 1 层，其余各楼层大多数损伤破坏属于非结构性隔墙破坏，一楼部分边柱底部与地板间产生分离裂缝，结构长向（东西向）较短向（南北向）损害严重，图 5.3 - 21 给出了该建筑结构一楼在集集地震中破坏情况，

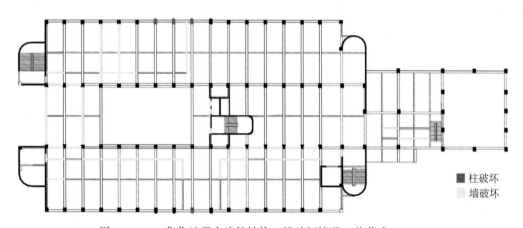

图 5.3 - 21　集集地震中建筑结构一楼破坏情况（公茂盛，2006）

5.4　结构自振周期经验公式

建筑结构自振周期是结构抗震设计中一个重要参数，无论是底部剪力法还是振型分解反应谱法，都需要用到结构自振周期确定地震荷载作用。目前有多种方法可以确定结构自振周期，各国抗震设计规范或荷载规范也都给出了确定结构自振周期的各种方法，其中最为常见的一种就是采用结构自振周期经验公式计算和确定不同类型结构的自振周期。

5.4.1　结构自振周期

　　结构自振周期，即自由振动周期，通常是指：在没有任何外力作用下，结构各部位绕其平衡位置作一次往复运动的时间。结构以某个周期振动时，各部位位移相对比例称为振型，表示以某个周期振动时结构的变形状态。结构的振动周期不同，振型也不相同，因此，自振周期和振型是不可分割的，都是结构的重要动力特性参数。在结构抗震设计中，当采用反应谱理论计算结构地震作用时，要依据结构各个振型的振动周期，在反应谱曲线上查得地震响应反应值，从而确定地震荷载作用。因此，自振周期和相应的振型计算，是一般结构抗震设计中不可缺少的内容，结构的自振周期亦是一个在计算结构基底水平剪力时非常重要的一个参数（《建筑抗震设计规范》（GB 50011—2010））。

　　建筑结构的自振周期，受到许多因素的影响，例如结构平立面布置、质量沿高度分布、构件截面尺寸、材料特性、施工质量以及地基基础状况等，因此，要精确确定结构的自振周期是很困难的。在工程设计中，往往要通过多种途径和设计人员的经验确定，在满足工程要求精度的前提下，一般可采用近似方法确定。目前估计建筑结构自振周期的方法大体有三种：

　　（1）矩阵位移法求特征值方法。

　　（2）能量法、顶点位移法及等效单质点法等近似方法。

　　（3）自振周期经验公式方法。

　　当采用理论方法计算和确定建筑结构的自振周期时，如果计算简图过于简化，则得到的结构自振周期可能有较大的误差，而通过对已经建成的建筑结构进行测试与统计分析，可以得到一些自振周期经验公式。经验公式是由大量建筑结构在环境振动下或人为激振下实测的结果运用统计分析归纳而成，统计时往往忽略了同一类结构的某些差异，如填充墙、隔墙等布置上差异，单位面积上质量差异，甚至地基性质差异等，因此自振周期经验公式也具有一定的局限性，使用时要注意统计分析的条件及样本分布状况。但无论如何，采用自振周期经验公式确定结构的自振周期不失为一种简便而快捷的方法，目前世界各国抗震规范中均给出了不同类型结构自振周期经验公式，如我国《建筑结构荷载规范》（GB 50009—2012）中就给出了不同类型结构的自振周期经验公式。

　　近些年来，关于不同类型建筑结构自振周期经验公式的研究也不断出现，有的研究基于结构环境振动测试数据，有的研究基于结构实际地震反应记录，有的研究甚至基于有限元分析数据，研究者都希望能够统计给出较为准确的自振周期预测经验公式，以供结构抗震设计与分析使用。实际上，如果利用结构环境振动测试结果对结构自振周期进行统计回归分析，必须考虑和地震时结构反应的差别，我国基于环境振动测试结果的回归公式，实际计算自振周期结果均为环境振动实测平均值的 1.2～1.5 倍，主要就是为了反映地震与环境振动的差别（龚思礼等，1994）。Chopra et al.（2000）曾指出，要统计给出建筑结构的自振周期经验公式，所要使用的结构及其自振周期等统计资料必须满足以下两个条件：

　　（1）经验公式必须基于利用结构地震反应记录识别的结构自振周期。

　　（2）结构在地震中振动必须足够强，但不能进入非线性反应阶段。

　　也就是说，在统计得到结构自振周期经验公式时，必须利用基于结构地震反应记录识别的结构自振周期结果，所测得或识别的自振周期样本还要反映结构完好状态即没有发生损伤破坏的情况。实际上，如果利用结构地震反应记录进行分析和确定结构自振周期经验公式，第二条往往很难判断和满足，因为在地震中，尤其是较为强烈的大地震中，结构可能往往会进入非线性反应阶段，实际的多次震害调查结果也显示了这一点。如果无法保证这两个条件同时满足，就会使统计所得结构自振周期经验公式及其计算结果的可靠性大大降低。

鉴于此，本文针对钢筋混凝土（RC）框架-剪力墙结构和抗弯钢结构两类建筑结构，采用其在地震中获得的地震反应记录，利用结构尚未进入非线性反应阶段的地震反应记录头部数据，识别得到了结构处于完好状态时的自振周期，并进一步通过非线性统计回归，给出了这两类建筑结构基于地震反应记录的自振周期经验公式，并与规范和其他研究者给出的经验公式进行了对比，可供确定这两类建筑结构的自振周期使用和参考。

5.4.2　钢筋混凝土框剪结构

1. 建筑结构基本信息

本文共选取了40座 RC 框架-剪力墙（RC 框剪）结构建筑物，这些建筑结构均布设了结构强震观测台阵且在地震中获得了地震反应记录，其中有些建筑还在多次地震中获得了地震反应记录。除了收集到结构地震反应记录以外，本文还收集了建筑结构的长、宽、高、层数、经历的地震、场地条件、结构屋顶及第一层地面峰值加速度以及建筑物用途等基础资料，以供统计回归结构的自振周期经验公式使用，选择的建筑结构详细信息如表5.4-1所示。所有建筑结构中，最高的一座建筑为20层，高为54.03m，因此，本文统计使用的 RC框剪结构样本都在20层、高60m以内（公茂盛等，2010）。

2. RC 框剪结构自振周期识别

根据 Chopra et al.（2000）所提的两个条件，如果统计得到建筑结构自振周期经验公式，必须采用地震中结构未发生损伤破坏时的自振周期进行统计分析。因此，本文在识别结构自振周期时，首先利用 AFMM（Adaptive Forgetting through Multiple Models，Anderson，1985）系统辨识算法对结构在地震中是否发生了时变反应进行了判别，以结构是否发生时变反应作为是否发生非线性地震反应的依据，并截取未发生时变反应的加速度反应记录数据段对结构参数进行识别。该算法与 RARX 系统辨识算法相同，也是一种自适应的递归式辨识算法，特别适用于参数快速改变或跳跃的系统辨识问题，可以快速跟踪时变系统的参数变化情况，精确判断出结构系统发生时变和跳出时变的时刻，以及整个时变过程中结构参数变化情况。然后采用 ARX 系统辨识算法，针对结构进入时变反应以前的头部记录数据段和退出时变反应以后的尾部数据段，分别识别了建筑结构地震损伤前后的自振周期。在自振周期识别过程中，遵循了以下四个原则：

（1）对某一建筑结构识别自振周期时，输入数据采用结构第一层地面的加速度记录，若结构第一层地面没有获得到地震动记录，则采用结构地下室地面的地震动记录作为输入，输出数据则采用结构屋顶的地震加速度反应记录。

（2）考虑到建筑结构可能存在地震平动与扭转耦合作用，为了消除扭转对识别结果的影响，均将结构两侧的地震反应记录向形心做了转移，若结构只在一侧设置了强震仪器，则利用建筑结构同一侧的第一层地面和结构屋顶加速度记录进行识别（少数建筑结构存在这种情况）。

（3）如果建筑结构在地震中未发生时变反应，则采用整个反应记录时程识别结构的自振周期，如果建筑结构在地震中发生了时变反应，则将整个地震反应记录时程分为三段，分别对头部第一段和尾部第三段数据进行自振周期识别，分别得到建筑结构地震损伤前后的自振周期。

（4）如果建筑结构在不同的地震中，即多次地震中均获得了地震反应记录，本文对每一次地震中的结构地震反应记录都进行了分析，识别得到了不同地震中的结构自振周期，但在统计回归分析时，采用最早发生地震中结构地震反应记录识别的结构自振周期结果。

经过上述分析与识别后，将识别得到的每个建筑结构的自振周期列入表 5.4-1 中。可以看出，对于获得多次地震反应的建筑结构，前一次地震反应记录尾部数据识别结果和后一次地震反应记录头部数据识别结果相当，如表 5.4-1 中 7、20、24、27 号等在多次地震中获得地震反应记录的建筑结构自振周期所示，这也说明了后一次地震中结构反应记录的头部数据识别结果也反映了结构经历上一次地震发生了损伤后的状态参数。对于在多次地震中获得地震反应记录的建筑结构，表 5.4-1 中按地震时间的后先排序，即最后一次地震排在第一位，最早一次地震排在最后一位，例如 24 号建筑结构在四次地震中获得到了地震反应记录，这四次地震按时间发生的先后依次为：Whittier 地震、Landers 地震、Big Bear 地震和 Northridge 地震，在回归分析时采用最早一次地震反应记录识别结果，即 Whittier 地震中记录到的地震反应记录识别结果。从结构自振周期识别结果可以看出，建筑结构经历地震发生损伤破坏后，其自振周期变长，这与常识是相符的。

表 5.4-1　RC 框剪结构基础信息及自振周期识别结果

| 序号 | 长/m | 宽/m | 高/m | 层数 N | 地震名称 | 加速度峰值/（cm/s²） | | 时变反应 | T_1/s | |
						地面	屋顶		头部	尾部
1	53.64	53.64	7.16	2	Loma Prieta	106.37	188.66	是	0.2438	0.2695
2	91.44	30.48	9.14	1	Loma Prieta	247.06	694.04	是	0.4689	0.6852
3	51.21	36.58	9.63	2	Loma Prieta	88.65	112.84	是	0.2260	0.2695
4	35.05	22.25	12.19	3	Loma Prieta	84.84	178.68	是	0.2474	0.3343
5	39.93	21.64	12.37	3	Loma Prieta	115.13	145.04	否	0.4947	/
6	36.58	30.48	9.14	2	Whittier	44.69	114.84	是	0.2697	0.2844
7	70.71	27.43	8.79	1	Big Bear	170.88	580.68	是	0.4488	0.4655
					Landers	102.69	318.78	是	0.3632	0.4394
8	52.27	21.64	13.41	3	Loma Prieta	89.51	143.76	是	0.2640	0.4080
9	78.64	20.42	11.43	3	Loma Prieta	102.51	187.73	是	0.2732	0.2895
10	22.86	12.50	5.33	1	Landers	88.68	157.27	是	0.2260	0.2398

续表

| 序号 | 长/m | 宽/m | 高/m | 层数 N | 地震名称 | 加速度峰值/（cm/s²） | | 时变反应 | T_1/s | |
						地面	屋顶		头部	尾部
11	45.11	34.14	10.06	1	Loma Prieta	347.59	439.53	是	0.2720	0.2869
12	78.94	45.42	17.02	5	Berkeley	29.34	35.25	否	0.3158	/
13	99.48	21.03	15.24	4	Loma Prieta	51.36	129.68	是	0.2081	0.2108
14	66.45	28.04	21.95	6	Loma Prieta	108.24	180.86	是	0.5818	0.7264
15	62.48	24.69	21.64	5	Whittier	92.31	349.82	是	0.3045	0.3360
16	109.9	85.34	36.27	5	Northridge	237.15	249.71	是	1.2801	1.7068
					Whittier	121.12	152.32	是	0.9107	1.2799
17	93.12	78.79	20.42	6	Northridge	279.82	548.03	是	0.3952	0.5236
18	36.52	19.76	21.64	6	Landers	49.28	130.44	是	0.8808	1.2669
19	65.84	42.27	20.42	5	Northridge	33.94	122.84	否	0.6400	/
					Landers	103.40	219.21	是	//	0.6400
20	52.53	17.68	15.57	6	Northridge	69.80	134.54	否	0.2426	/
					Landers	81.30	146.87	是	0.2327	0.2438
21	60.96	27.43	23.77	6	Loma Prieta	111.67	309.77	是	0.6628	1.0240
22	55.47	20.42	19.81	6	Loma Prieta	66.83	136.94	是	0.2992	0.3396
23	55.78	55.78	20.12	5	Gilroy	24.00	33.16	否	0.6742	/
24	46.02	19.20	19.88	7	Northridge	363.04	472.12	是	1.2811	2.0268
					Big Bear	21.65	42.13	否	1.2928	/
					Landers	40.02	126.24	否	1.2799	/
					Whittier	67.83	158.13	是	0.7349	1.2801
25	30.48	27.43	18.90	5	San Simeon	31.39	35.21	否	0.4180	0.4724
26	22.73	21.50	20.22	4	Loma Prieta	257.28	521.95	是	0.3050	0.4655
27	65.66	22.95	26.82	10	Northridge	286.18	700.89	是	0.4267	0.5689
					Sierra Madre	104.30	328.40	是	0.4496	0.4655
					Whittier	180.01	322.62	是	0.3903	0.4274
28	97.23	32.31	46.33	12	Landers	37.70	74.17	否	0.8989	/
29	66.14	15.54	45.34	14	Northridge	272.72	476.28	是	//	2.2847
					Whittier	110.70	197.64	是	0.6437	1.7068

续表

序号	长/m	宽/m	高/m	层数 N	地震名称	加速度峰值/（cm/s²）		时变反应	T_1/s	
						地面	屋顶		头部	尾部
30	69.09	24.31	45.62	17	Northridge	178.94	527.24	是	0.9470	1.1374
					Landers	42.83	149.49	否	0.9477	/
					Sierra Madre	59.06	131.30	是	0.8533	0.9448
31	46.94	19.25	35.00	8	Northridge	91.44	214.67	是	0.9043	1.2594
					Whittier	292.41	453.04	是	0.8545	1.1147
32	44.81	26.82	44.78	11	Northridge	73.33	217.82	否	0.8457	/
					Landers	39.17	173.39	否	0.8149	/
33	55.93	17.63	54.03	20	Northridge	302.06	453.95	是	1.7167	2.5240
					Whittier	98.15	103.36	是	1.2442	1.8057
34	64.87	26.16	35.66	9	Northridge	156.32	184.69	是	0.9081	1.1790
					Big Bear	38.05	42.95	否	0.8721	/
					Landers	32.71	63.22	否	0.9038	/
					Sierra Madre	94.36	110.69	否	0.8246	/
35	58.52	25.60	31.70	9	Loma Prieta	112.50	217.14	是	0.9378	1.2617
36	57.91	24.99	37.80	10	Loma Prieta	96.06	311.62	是	0.6221	0.7561
37	63.63	17.53	29.26	10	Loma Prieta	102.44	221.34	是	0.4245	0.4465
38	74.52	41.61	35.36	8	Landers	36.35	88.72	是	1.0301	1.3284
39	58.83	22.86	49.99	13	Northridge	437.13	454.57	是	2.5602	3.0506
					Landers	44.01	86.97	否	2.5602	/
					Whittier	93.38	133.84	是	0.7710	2.3798
40	45.16	31.75	39.17	10	Loma Prieta	43.73	150.62	是	0.7410	0.8214

注：①层数为建筑结构地面以上层数，未包含地下室；

②高度为建筑结构从地面到屋顶总高度，未包含地下室；

③建筑结构长、宽、高数据由英制转换而来，只保留了两位小数；

④表中只给出了建筑结构第一阶模态周期，即结构自振周期；

⑤"/"符号表示头部数据太短（地震中结构很快进入时变），未能识别出自振周期；

⑥对于未发生时变反应的结构采用整个反应记录时程识别，识别结果列入头部一列；

⑦尾部一列中"/"符号，表示建筑结构在该次地震中没有发生时变反应。

3. 自振周期统计分析

利用表 5.4-1 中建筑结构的长、宽、高以及层数等参数以及识别得到的结构处于完好状态时的自振周期，可以建立结构的自振周期经验公式。结构自振周期一般表示为结构长、宽、高或层数等参数的函数，因此，经验公式的形式可以有多种该些参数组合形式，本文经过分析各国抗震规范给出的经验公式后，选取了 6 种形式的经验公式进行统计回归分析，如表 5.4-2 所示，这些公式基本上涵盖了世界范围内大多数抗震规范的经验公式形式。采用表 5.4-1 中的建筑结构信息参数及完好状态时的自振周期，通过非线性回归分析，可以求得各经验公式的未知系数，统计后所得系数和标准差同样列在表 5.4-2 中，本文在回归分析时采用了高斯-牛顿（Gauss-Newton）非线性回归分析方法（陈宝林，2000）。

在计算标准差时，采用了如下的方差定义，如公式（5.4-1）所示：

$$\sigma^2 = \frac{1}{n-p} \sum_{i=1}^{n} (T_{1i} - \hat{T}_{1i})^2 \qquad (5.4-1)$$

式中，n 为样本容量总数；p 为自变量个数，相应的 $n-p$ 为自由度数；T_{1i} 为第 i 个建筑结构自振周期的识别值；$\hat{T}_{1i}$ 为第 i 个建筑结构自振周期的预测值，即由经验公式计算预测的数值，由此方差定义可以进一步求得统计回归经验公式的标准差。

表 5.4-2　采用公式形式及回归结果

公式编号	公式形式	公式系数		标准差
		a	b	
（1）	$T_1 = a + bH/\sqrt[3]{B}$	0.194	0.043	0.181
（2）	$T_1 = a + bH^2/\sqrt[3]{B}$	0.353	0.744×10^{-3}	0.184
（3）	$T_1 = bH/\sqrt{B}$	/	0.102	0.225
（4）	$T_1 = bH^{3/4}$	/	0.051	0.161
（5）	$T_1 = bH$	/	0.021	0.175
（6）	$T_1 = bN$	/	0.072	0.237

注：①T_1 为 RC 框剪结构自振周期（s）；
②B 为结构总宽度（m），H 为结构总高度（m），N 为结构层数；
③a、b 为结构自振周期经验公式回归系数常数项。

从表 5.4-2 中的统计回归结果来看，除了公式（3）和公式（6）的标准差相对较大外，其余公式的标准差相差并不是很大。表 5.4-2 中公式（1）回归结果如图 5.4-1 所示，图中没有和其他研究结果或规范经验公式进行对比。公式（2）回归结果如图 5.4-2 所示，图中同时给出了我国《建筑结构荷载规范》（GB 50009—2012）经验公式结果，从对比结果来看，本文回归结果要大于我国规范经验公式的计算结果，即对同一建筑结构而言，通过本文回归的经验公式计算的自振周期要大于我国规范经验公式的计算结果。

公式（3）回归结果如图 5.4-3 所示，图中和美国 ATC-3 的经验公式进行了对比，本文回归结果略大于 ATC-3 经验公式计算结果。公式（4）回归结果如图 5.4-4 所示，图中和美国 UBC-97（Uniform Building Code，1997）的经验公式进行了对比，从对比结果来看，

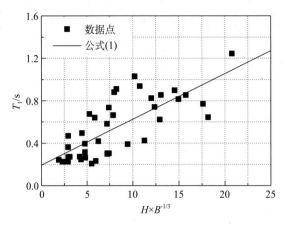

图 5.4-1　公式（1）回归结果

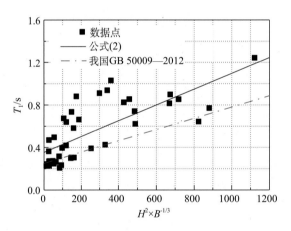

图 5.4-2　公式（2）回归结果

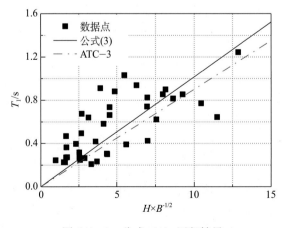

图 5.4-3　公式（3）回归结果

本文回归得到的经验公式计算结果略大于美国 UBC-97 经验公式的计算结果。公式（5）的回归结果如图 5.4-5 所示，图中同时给出了日本抗震规范经验公式以作对比，从对比情况来看，本文回归得到的经验公式和日本规范经验公式的计算结果相差不大，当建筑结构高度较大时，略大于日本规范经验公式。

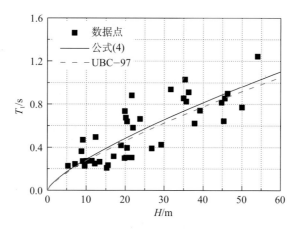

图 5.4-4　公式（4）回归结果

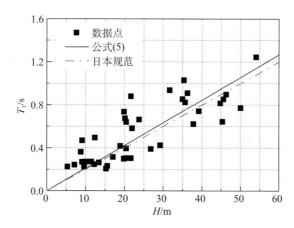

图 5.4-5　公式（5）回归结果

公式（6）的回归结果如图 5.4-6 所示，图中也给出了我国荷载规范规定的一般经验公式的上限和下限，本文结果介于这两个上下限之间，但差别还是很大的，同时公式（6）也是所有回归公式中标准差最大一个，因此本文不建议采用以层数为结构自振周期函数的经验公式形式。

4. RC 框剪结构推荐经验公式

通过以上对 RC 框剪自振周期统计回归分析可以发现，6 个经验公式中，相比较而言，除了公式（3）和公式（6）的标准差较大外，其余 4 个公式标准差相差不大，均可以用来预测 RC 框剪结构的自振周期。从与我国现行《建筑结构荷载规范》（GB 50009—2012）统一的角

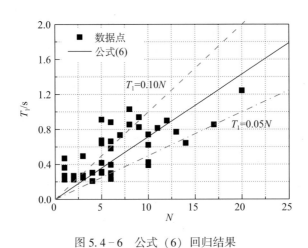

图 5.4-6　公式（6）回归结果

度来看，首先推荐公式（2）作为 RC 框剪结构自振周期预测经验公式，如公式（5.4-2）所示：

$$T_1 = 0.353 + 0.744 \times 10^{-3} \frac{H^2}{\sqrt[3]{B}} \qquad (5.4-2)$$

式中，T_1 为结构自振周期（s）；H 为建筑物总高度（不包含地下室高度）（m）；B 为建筑物宽度（m）。该经验公式对结构自振周期的预测结果比《建筑结构荷载规范》（GB 50009—2012）经验公式的预测结果要大。该公式预测的建筑结构自振周期与结构宽、高的关系如图 5.4-7 所示，可以看出建筑结构自振周期随建筑物高度及宽度的三维变化趋势，建筑结构越高、宽度越窄，自振周期越大，反之建筑结构高度越低、宽度越宽，周期越小。另外从图中也可以发现，RC 框剪结构自振周期对结构的宽度不敏感，随宽度降低增加较慢，但对结构高度较为敏感，随结构高度增加增长较快，这除了与 RC 框剪结构本身振动特性相关外，与公式（5.4-2）的函数形式关系更大。

　　从统计回归标准差最小的角度来看，也可以采用表 5.4-2 中的公式（4）作为经验公式估计 RC 框剪结构自振周期，如公式（5.4-3）所示：

$$T_1 = 0.051 H^{3/4} \qquad (5.4-3)$$

式中，T_1 为建筑结构自振周期（s）；H 为建筑结构总高度（不包含地下室高度）（m）。采用该经验公式计算结构自振周期时，计算结果只与结构总高度有关，忽略了建筑物宽度。实际上由前述公式（5.4-2）分析可知，RC 框剪结构的自振周期对结构宽度不敏感。

　　经过上述分析，本文推荐公式（5.4-2）或公式（5.4-3）作为预测 RC 框剪结构自振周期计算经验公式。需要说明的是，尽管本文采用的是美国建筑结构及其地震反应记录进行的自振周期经验公式回归分析，但对我国同类建筑结构来讲，所得自振周期经验公式具有一定借鉴和参考价值，可供 RC 框剪结构抗震设计或研究分析等参考使用，只是使用时要注意本文采用的 RC 框剪结构统计样本层数都在 20 层以下，高度都在 60m 以内。

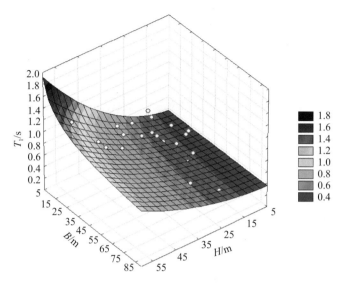

图 5.4 - 7　RC 框剪经验公式回归结果

5.4.3　抗弯钢框架结构

1. 建筑结构基本信息

　　本文共选取了 36 座钢结构建筑物，所有建筑结构形式均为刚接抗弯钢框架结构（Moment Resisting Steel Frame，MRSF），并且所有这些建筑结构都在地震中获得了地震反应记录，某些建筑还在多次地震中获得了地震反应记录。除了收集到结构的地震反应记录外，本文还收集了结构的长、宽、高、层数、经历的地震、场地条件以及建筑结构的用途等资料，以供统计分析使用，所有建筑结构的基本信息列入表 5.4 - 3 中，表中建筑结构的层数和高度是指地面到顶层屋面，未考虑地下室。另外，本文选用的抗弯钢框架结构建筑物层数均在 20 层内，高度都在 80m 以下（公茂盛等，2012）。

2. 抗弯钢结构自振周期识别

　　在识别钢框架结构自振周期时，采用的方法、技术、原则及识别过程与 RC 框剪结构自振周期识别完全相同，具体可参见上一节 RC 框剪结构自振周期识别部分，这里不再赘述。本文只给出了第一阶模态自振周期识别结果，如表 5.4 - 3 所示，表中同时也给出了地震中建筑结构第一层地面和屋顶的地震反应加速度峰值。经分析后，也给出了结构在地震中是否发生了时变反应判断结果。在识别结构自振周期时，对于未发生时变反应的建筑结构，采用结构地震反应记录的整个时程识别，识别结果列入表 5.4 - 3 头部一列。对于发生了时变反应的结构，采用进入时变反应之前的记录头部识别自振周期，此时自振周期反映了结构处于完好状态时自振特性。为了对比震前、震后结构自振周期的变化情况，同时也利用结构退出时变反应之后的地震反应记录尾部数据识别了结构自振周期，结果列入表 5.4 - 3 中尾部一列。表中尾部一列中"/"表示该结构在该地震中未发生时变反应。如果建筑结构在多次地震中均没有发生时变反应，在统计时采用了多次结构地震反应记录识别结果的平均值，如编号为 13、25 两个结构，在统计时采用带"*"的数据结果。利用结构地震反应记录的尾部数据识别得到的结构自振周期反映了建筑结构经历地震发生损伤破坏后的自振特性，通过对比可以发现，结构经历地震发生损伤破坏后，自振周期变长，这也是与常识是相符的，从而在一定程度上也验证了结构自振周期识别方法与结果的正确性和有效性。

表 5.4 - 3　抗弯钢结构基础信息及自振周期识别结果

| 序号 | 长/m | 宽/m | 高/m | 层数 | 地震名称 | 峰值/（cm/s²） | | 时变反应 | T_1/s | |
						地面	屋顶		头部	尾部
1	42.98	35.66	7.67	2	Loma Prieta	114.10	272.85	是	0.3006	0.3200
2	48.77	30.48	7.92	2	Qualeys Camp	4.27	13.26	否	0.2992	/
3	89.92	63.40	10.36	2	San Simeon	6.41	14.98	否	0.6100	/
4	127.41	30.78	10.36	2	Gilroy	11.42	16.94	否	0.3050	/
5	115.37	60.96	9.91	2	Gilroy	8.99	14.28	否	0.4028	/
6	74.68	43.28	13.72	3	Gilroy	14.44	36.31	否	0.4267	/
7	73.46	66.75	15.24	3	Northridge	320.37	630.81	是	0.4760	0.5325
8	49.68	46.63	8.53	2	Loma Prieta	239.14	415.80	是	0.4987	0.5689
9	50.29	24.38	14.07	3	Loma Prieta	107.62	265.32	是	0.5464	0.7222
10	83.82	30.48	14.17	3	San Juan Bautista	11.66	23.83	否	0.5872	/
					San Simeon	16.31	30.77	否	0.5984	/
11	43.89	40.23	12.60	3	Landers	110.48	272.09	是	0.4947	0.5661
					Whittier	28.54	53.69	否	0.4654	/
12	76.20	28.25	15.09	3	Loma Prieta	166.31	516.07	是	0.5928	0.7132
13	61.42	30.18	8.69	2	San Simeon	7.53	9.91	否	0.3785	0.3839*
					Simi Valley	27.11	80.94	否	0.3977	
					Beverly Hills	7.69	24.63	否	0.3762	
14	90.53	57.00	14.48	3	Gilroy	7.08	15.16	否	0.5120	/
15	88.39	35.36	13.72	3	Berkeley	11.27	24.99	否	0.4394	/
16	36.58	36.58	25.15	6	Northridge	297.17	448.16	是	1.3484	1.3963
					Sierra Madre	104.78	151.87	是	1.1788	1.2593
					Whittier	165.78	183.57	是	1.1563	1.2399
17	73.76	32.92	20.73	5	Northridge	53.45	117.81	是	0.7375	0.7607

序号	长/m	宽/m	高/m	层数	地震名称	峰值/（cm/s²）地面	屋顶	时变反应	T_1/s 头部	尾部
18	67.11	22.86	27.74	7	Whittier	71.06	103.04	否	1.2791	/
19	28.50	28.50	21.79	5	Northridge	181.59	274.98	是	0.8181	0.8691
20	18.29	14.63	28.83	7	Northridge	273.39	489.68	是	0.7182	0.8619
21	85.34	60.96	13.87	4	San Simeon	11.16	32.04	否	0.6160	/
22	44.68	24.08	15.70	4	Landers	184.92	373.20	是	0.5563	0.6445
23	42.67	28.35	31.72	7	Northridge	44.46	63.71	是	1.2974	1.4174
24	49.38	39.62	21.03	5	Northridge	42.04	150.85	是	0.4689	0.4796
					Big Bear	57.77	166.72	是	0.4724	0.4909
					Landers	76.63	313.38	是	0.4394	0.4724
25	44.20	28.35	22.56	6	Berkeley	10.94	14.80	否	0.5661	0.5712*
					Gilroy	8.88	12.70	否	0.5764	
26	76.35	46.81	17.50	4	Santa Rosa	86.89	199.97	是	0.5150	0.5417
27	66.75	35.66	16.00	4	Loma Prieta	151.80	589.96	是	0.5560	0.6518
28	45.72	30.78	59.59	14	Northridge	128.09	217.28	是	1.6150	1.9399
29	32.31	32.31	75.59	15	Whittier	53.90	73.49	是	1.2382	1.4314
30	39.57	25.98	45.72	13	Northridge	153.41	217.65	是	1.3172	1.4447
31	104.85	48.16	71.93	15	Northridge	136.73	225.64	是	1.3744	1.5437
					Landers	32.40	77.45	否	1.3831	/
32	35.97	35.97	51.21	12	Northridge	132.49	161.46	是	0.8678	0.9119
33	40.54	33.53	35.84	9	Landers	86.08	164.91	否	0.8787	/
34	124.36	46.02	55.37	14	Gilroy	6.77	9.24	否	1.2801	/
35	29.87	21.34	69.90	18	Loma Prieta	129.63	254.89	是	1.0852	1.2780
36	50.90	50.90	64.18	13	Loma Prieta	80.66	297.82	是	1.8464	2.2124

注：①层数为建筑结构地面以上层数，未包含地下室；
②高度为建筑结构从地面到屋顶总高度，未包含地下室；
③建筑结构长、宽、高数据由英制转换而来，只保留了两位小数；
④只给出了建筑结构第一阶模态周期，即自振周期；
⑤对于未发生时变反应的结构采用整个记录时程识别，识别结果列入头部一列中；
⑥尾部一列中"/"符号表示结构在该次地震中没有发生时变反应。
⑦第13号建筑结构在三次地震中均没有发生时变反应，统计分析时采用这三次地震中反应记录识别结果平均值，第25号建筑在两次地震中均没有发生时变反应，统计分析时采用这两次地震中反应记录识别结果平均值，平均值列在尾部一列，即带"*"的数据。

3. 自振周期统计分析

利用表 5.4-3 中抗弯钢框架结构建筑物的长、宽、高以及层数等参数以及其自振周期数据，可以建立钢框架结构建筑物的自振周期经验公式。在统计回归自振周期经验公式时，根据 Chopra 所提的两个条件，采用建筑结构处于完好状态时的自振周期进行分析，当结构在多次地震中获得地震反应记录时，采用结构在第一次地震中反应记录的识别结果，而当结构在多次地震中均未发生时变反应时，采用多次地震反应记录识别结果的平均值。

与对 RC 框剪结构自振周期统计回归分析时相同，参考各国规范给出的经验公式，对于抗弯钢框架结构也选取了 6 种经验公式形式进行回归分析，这 6 种经验公式的形式如表 5.4-4 所示，这些公式基本上涵盖了世界范围内大多数国家抗震规范中自振周期经验公式形式。利用表 5.4-3 钢框架结构建筑物基本参数与自振周期数据，对表 5.4-4 中 6 种形式的经验公式进行非线性回归分析，求得各公式的系数，回归所得的系数和标准差同时列在表 5.4-4 中，在回归分析中同样采用高斯-牛顿非线性回归分析方法。

表 5.4-4 采用公式形式及回归结果

编号	公式形式	公式系数		标准差
		a	b	
（1）	$T_1=a+bH/\sqrt[3]{B}$	0.336	0.052	0.228
（2）	$T_1=a+bH^2/\sqrt[3]{B}$	0.554	0.610×10^{-3}	0.262
（3）	$T_1=bH/\sqrt{B}$	/	0.136	0.325
（4）	$T_1=bH^{3/4}$	/	0.065	0.217
（5）	$T_1=bH$	/	0.024	0.285
（6）	$T_1=bN$	/	0.105	0.290

注：①T_1 为抗弯钢框架结构自振周期（s）；
②B 为结构总宽度（m），H 为结构总高度（m），N 为结构层数；
③a、b 为自振周期经验公式回归系数常数项。

从表 5.4-4 中回归结果的标准差来看，公式（3）、公式（5）及公式（6）标准差较大，公式（1）与公式（4）标准差较小。表 5.4-4 中公式（1）和公式（2）的回归结果分别如图 5.4-8 和图 5.4-9 所示，图中没有和其他研究结果及规范经验公式进行对比。公式（3）的回归结果如图 5.4-10 所示，图中将回归结果和早期西班牙抗震规范的经验公式进行了对比，从对比结果来看，本文公式计算结果比西班牙规范公式的自振周期计算结果要大。

表 5.4-4 中公式（4）回归结果如图 5.4-11 所示，图中同时和美国 ATC-3 经验公式以及 Chopra and Goel（1997，2000）研究给出的经验公式进行了对比，从对比结果来看，本文公式（4）计算结果小于美国 ATC-3 经验公式和 Chopra 等经验公式结果，且随着建筑结构总高度增加，差别变大。Chopra and Goel（2000）在给出钢框架结构经验公式时，建议将抗弯钢框架结构的自振周期 T_1 看作高度 H 的 0.8 次幂的形式。他们认为估计结构在地震作用下基底剪力和位移应该采用不同的经验公式，他们也给出了估计地震作用下结构位移时应

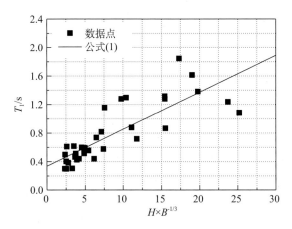

图 5.4 - 8　公式（1）回归结果

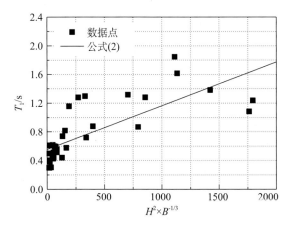

图 5.4 - 9　公式（2）回归结果

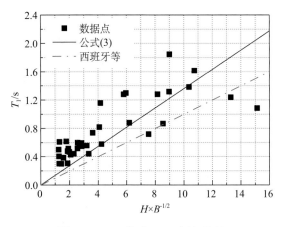

图 5.4 - 10　公式（3）回归结果

该采用的自振周期经验公式，本文对比时采用的是他们给出的估计结构在地震作用下基底剪力时的自振周期经验公式（Chopra and Goel，2000；Goel and Chopra，1997）。

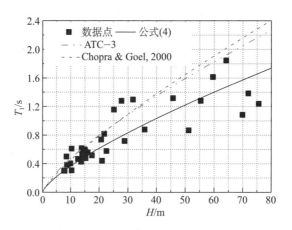

图 5.4 - 11　公式（4）回归结果

表 5.4 - 4 中公式（5）的回归结果如图 5.4 - 12 所示，图中同时给出了日本抗震相关规范的经验公式，从对比情况来看，本文回归结果和日本规范结果相差不大，高度较大时，略小于日本规范经验公式。公式（6）的回归结果如图 5.4 - 13 所示，图中同时给出了我国《建筑结构荷载规范》（GB 50009—2012）经验公式规定的周期范围结果，从对比结果来看，本文回归结果和我国《建筑结构荷载规范》（GB 50009—2012）中规定的下限相当，而小于上限。顺便说明，我国《建筑结构荷载规范》（GB 50009—2012）中没有给出钢框架结构具体自振周期经验公式，只给了一个取值范围，即 $T_1 = （0.10～0.15）N$。

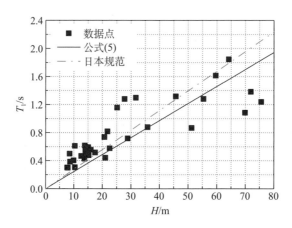

图 5.4 - 12　公式（5）回归结果

4. 抗弯钢结构推荐经验公式

通过以上对抗弯钢框架自振周期回归分析可以发现，表 5.4 - 4 所列 6 个经验公式中，公式（3）、公式（5）和公式（6）的标准差较大，公式（1）、公式（2）和公式（4）标

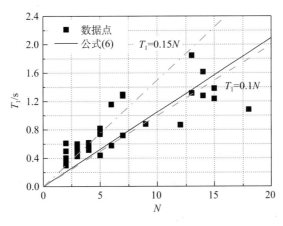

图 5.4 - 13　公式（6）回归结果

准差相差不大，均可以用来预测抗弯钢结构自振周期。与 RC 框剪结构经验公式类似，首先推荐公式（2）作为抗弯钢框架结构自振周期预测经验公式，如公式（5.4-4）所示：

$$T_1 = 0.554 + 0.610 \times 10^{-3} \frac{H^2}{\sqrt[3]{B}} \tag{5.4-4}$$

式中，T_1 为抗弯钢结构自振周期（s）；H 为建筑物总高度（不包含地下室高度）（m）；B 为建筑物总宽度（m）。该公式预测的钢结构自振周期与建筑结构宽、高关系如图 5.4-14 所示，可以看出自振周期随建筑物高度及宽度的三维变化趋势，建筑结构越高、宽度越窄，自振周期越大，反之建筑结构高度越低、宽度越宽，周期越小，该结果与框剪结构具有相同趋势。另外，从图中也可以看出，抗弯钢框架结构自振周期对结构宽度也不敏感，随宽度降低增加较慢，尤其是在结构高度较低时，但对结构高度较为敏感，自振周期随高度增加增长较快，这除了与结构性质相关外，与公式（5.4-4）的函数形式关系更大，这一点与 RC 框剪结构经验公式变化趋势相似。

　　从回归标准差最小的角度来看，也可以采用表 5.4-4 中公式（4）作为经验公式，预测和估计抗弯钢框架结构自振周期，如公式（5.4-5）所示：

$$T_1 = 0.065 H^{3/4} \tag{5.4-5}$$

式中，T_1 为抗弯钢框架结构自振周期（s）；H 为建筑结构总高度（不包含地下室高度）（m）。采用该公式计算抗弯钢结构自振周期时，计算结果只与结构总高度有关，忽略了建筑物宽度。

　　本文推荐上述公式（5.4-4）或公式（5.4-5）作为预测抗弯钢框架结构自振周期计算经验公式，与 RC 框剪结构类似。需要说明的是，尽管本文采用的是美国的抗弯钢结构建筑物进行回归分析，对我国同类建筑结构来讲，统计回归所得经验公式具有一定借鉴和参考价值，可供抗弯钢框架结构抗震设计及研究参考使用，在使用时要注意本文采用的建筑物样本层数都在 20 层以内，高度都在 80m 以下，且适用于节点刚接类型的抗弯钢框架结构。

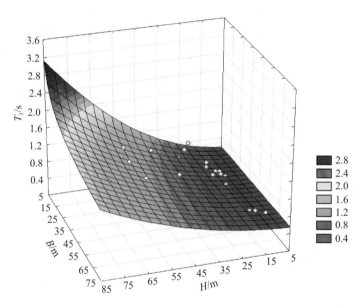

图 5.4-14　抗弯钢结构经验公式回归结果

5.4.4　两类结构经验公式对比

　　实际中 RC 框剪结构和抗弯钢框架结构应该说是两种比较重要和常见的结构形式，尤其是随着高层建筑结构的发展，越来越多的建筑物将会采用这两种结构形式。本文分别收集了获得地震反应记录的 40 栋 RC 框剪结构和 36 栋抗弯钢框架，利用系统辨识方法，对这两类建筑结构的自振周期进行了统计回归分析，得到了这两类建筑结构的自振周期经验公式。

　　理论上讲，与 RC 框剪结构相比，钢框架结构偏柔，在同等几何尺寸条件下，钢框架结构的自振周期应该比 RC 框剪结构要长，这里对回归得到的两类建筑结构自振周期经验公式进行了简单的比较，以查看两者之间的异同。RC 框剪结构公式（5.4-2）与抗弯钢结构公式（5.4-4）的比较结果如图 5.4-15 所示。可以看出，与 RC 框剪结构相比，钢框架结构的自振周期要明显长于相同尺寸的 RC 框剪结构，这是符合常识的。在本文统计分析的结构尺寸范围内，随着结构尺寸参数 $H^2/\sqrt[3]{B}$ 的增加，两者的差别逐渐减小。另外，与 RC 框剪结构相比，钢框架结构的自振周期经验公式回归标准差较大，说明钢框架结构样本离散较大，经验公式计算自振周期结果的误差也相对较大。

　　以结构总高度 H 幂函数形式的 RC 框剪结构自振周期经验公式（5.4-3）与钢框架自振周期经验公式（5.4-5）对比结果如图 5.4-16 所示。由图可以看出，如不考虑建筑结构宽度的影响，相同高度的抗弯钢框架结构自振周期比 RC 框剪结构自振周期明显要长，且随着结构高度的增大，差别逐渐增大，即随着结构高度的增加，抗弯钢框架结构比 RC 框剪结构越来越偏柔。从自振周期回归结果的标准差来看，对两类建筑结构而言，该种形式的经验公式标准差在各自所有公式中均是较小的，用来预测与计算结构自振周期应该会具有较小误差。因此，建议采用该类型公式，即公式（5.4-3）和公式（5.4-5）预测与计算 RC 框剪结构和抗弯钢框架结构的自振周期，如果需考虑建筑结构宽度的影响，则推荐采用公式（5.4-2）与公式（5.4-4）来预测与计算这两类结构的自振周期。

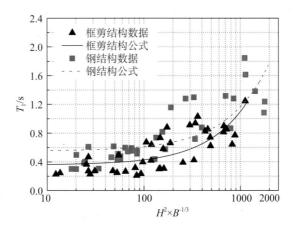

图 5.4-15　RC 框剪结构与钢结构自振周期经验公式对比

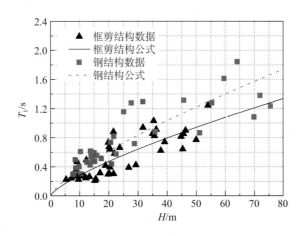

图 5.4-16　RC 框剪结构与钢结构自振周期经验公式对比

5.5　小结

建筑结构在实际地震中的地震反应记录是结构抗震研究与分析的重要基础资料，在地震工程领域有着广泛的应用。本章主要通过几个实例，阐述了结构地震反应记录几种用途，说明了建筑结构地震反应记录在结构参数识别、结构损伤评估以及结构自振周期经验公式统计回归等几个方面的具体应用，可供相关研究和工作人员参考。

参 考 文 献

陈宝林，2000，最优化理论与算法，北京：清华大学出版社

公茂盛，2006，基于强震记录的结构模态参数识别与应用研究，中国地震局工程力学研究所

公茂盛、孙静、谢礼立，2012，抗弯钢框架结构自振周期经验公式研究，土木工程学报，45（S1）：268~272

公茂盛、谢礼立、欧进萍，2010，基于结构强震记录框剪结构自振周期经验公式，土木工程学报，43（12）：35~40

龚思礼等，1994，建筑抗震设计，北京：中国建筑工业出版社

管庆松，2009，基于汶川地震强余震观测的框架填充墙结构地震反应分析，中国地震局工程力学研究所

GB 50009—2012　建筑结构荷载规范

GB 50011—2010　建筑抗震设计规范（2016年版）

Anderson P，1985，Adaptive Forgetting in Recursive Identification through Multiple Models，International Journal of Control，42（11）：1175－1193

Applied Technological Council，1978，Tentative Provisions for the Development of Seismic Regulations for Buildings，Rep. No. ATC3-06，Applied Technological Council，Palo Alto，California

Chopra A K and Goel R K，2000，Building Period Formula for Estimating Seismic Displacements，Earthquake Spectra，16（2）：533－536

Goel R K，Chopra A K，1997，Period Formulas for Moment-resisting Frame Buildings，Journal of Structural Engineering，123（11）：1454－1461

Loh C H，Wu T C Huang N E，2001，Application of the Empirical Mode Decomposition-Hilbert Spectrum Method to Identify Near－Fault Ground-Motion Characteristics and Structural Responses，Bulletin of the Seismological Society of America，91：1339－1357

Uniform Building Code，1997，International Conference of Building Officials，Whittier，U. S. A

第六章　结构强震观测发展趋势

6.1　引言

随着数字强震观测仪器以及强震动观测数据处理方法的发展和完善，建筑结构地震反应观测技术在不断升级，结构地震反应观测数据的应用范围也在不断拓展。总体而言，建筑结构地震反应观测目前正向着观测对象精细化、观测功能多样化、观测技术智能化与数据处理自动化等方向发展。本章简单阐述了目前与未来建筑结构及其他类型工程结构地震反应观测的发展方向及发展趋势。

6.2　结构观测对象精细化

一般情况下，结构强震观测主要监测结构整体地震反应情况，如在结构某一层或某几层布设强震仪，得到的往往是结构整体地震反应，很少有针对建筑结构中的某一结构构件或非结构构件开展观测。其中一个主要原因是布设强震观测系统的成本问题，所以一个典型的建筑结构强震观测台阵，即使是大型或高层建筑结构，一般情况下仪器观测测点设置也不会超过几十个。随着对工程结构抗震性能研究的细化和深入，人们对结构及其构件地震反应了解的需求越来越精细，尤其涉及一些特殊的构件破坏与震害现象时，设计师们总是希望能够了解其真实地震反应与损伤机理，进而完善抗震设计技术。

因此，如果针对地震中结构表现出来的一些特殊震害现象及破坏机理进行分析，则需要对于建筑结构的细部或具体构件振动行为进行详细监测，此时需要布设专用结构强震观测台阵。如近些年来多次大震中表现出来的钢筋混凝土框架结构"强柱弱梁"仍未实现问题，就可以选择某些地震高危险区的重要结构，除了对结构整体地震反应观测外，还可以针对某些关键部位的梁、柱及其节点，专门布设针对结构梁柱构件及节点的地震反应观测台阵，用于研究与分析梁柱协同工作机制与地震损伤机理。或根据近些年来地震中非结构构件破坏较重的情况，专门布设针对非结构构件的观测台阵，如针对天花板、填充墙等，甚至针对室内设备、各类管道，也可以设置专门的地震反应观测台阵，以更好分析和了解非结构构件或设备的地震反应情况。或根据新型结构体系的发展，确定被观测对象，如针对近几年发展应用较多的隔震结构体系，可以在结构的隔震层上、下位置布设地震反应观测测点，从真实地震反应角度探究和分析结构隔震效果和隔震支座的抗震性能，以改善隔震设备性能及完善隔震结构抗震设计，从而提升隔震结构所采取隔震措施的隔震效果。

这种较为精细的结构地震反应观测一般需要布设大量、密集观测测点，观测仪器也不仅仅限于加速度传感器，还需要位移、应变、倾斜等多种观测设备，观测成本相对较高，但随着体积小、成本低、精度高的传感器出现和快速发展，使得对建筑结构细部构件或非结构构件进行密集观测成为可能。如随着 MEMS 加速度计的研制和发展，使得建筑结构地震反应观测成本大幅度降低。另外，随着数据无线传输技术的发展，在结构地震反应观测台阵中采用无线数据传输技术也可以降低观测成本，而且因为不用布线，使得仪器测点布设位置相对更加灵活。因此，随着低成本、高精度传感器的出现和大功率、远距离数据无线传输技术的发展，使得对建筑结构进行大规模、密集、精细化观测成为可能，这也是当前建筑结构地震反应观测发展的必然趋势。

6.3　结构观测台阵功能多样化

目前而言，绝大部分结构地震反应观测台阵的主要功能是获取结构在地震中的各类反应数据，然后根据记录到的结构地震反应进一步分析结构抗震性能，观测主要目的包括：检验结构分析动力学模型合理性、验证结构抗震设计理论与方法可靠性、分析结构整体和局部反应非线性行为与损伤破坏机理，等等，这些工作内容主要为改善结构抗震理论和完善结构抗震设计方法提供依据。随着结构地震反应观测技术的不断发展和完善，结构地震反应观测台阵可以实现的功能也越来丰富，预期结构地震反应观测实现的功能主要包括：结构健康监测、结构地震损伤评估、地震灾害与烈度快速评估、结构地震预警，等等。

在结构健康监测方面，建筑结构在长期使用过程中会遭受环境振动及其他各种荷载等因素作用，可能会发生一些不易被直接观察到的性能变化，影响到结构日常使用安全。而一般常规的工程结构地震反应观测系统，会设置记录的触发阈值，在平时尽管一直处于运行状态，但不会记录结构的反应数据，如环境振动反应，而这些常时环境振动记录如果加以合理利用，采用适当的数据实时处理技术及结构参数分析方法，可以实现对工程结构进行健康监测功能，从而对结构的健康与安全状况进行实时监测与评估，以便及时发现结构存在的安全隐患和问题并采取相应的处置措施。这项工作对传感器精度、灵敏度以及数据处理方法的时效性提出了更高的要求，特别要求观测系统能够对结构在环境振动激励下的反应数据能够实时分析处理，且能够获得较为准确的结构参数及其变化情况。利用结构地震反应观测台阵的实时观测记录对重要工程结构开展健康诊断是一项很有应用前景的结构健康监测新技术，但目前无论监测技术还是数据处理方法都尚未十分成熟，还有很多研究工作需要开展。这些工作主要包括结构监测测点合理布设、结构反应记录数据的实时快速处理、结构参数识别与损伤评估系统开发等等内容。该项功能不仅仅针对建筑结构有效，对于其他类型的工程结构，如重要桥梁结构、重要工业建筑、核电厂建筑、输电塔结构等，也同样适用。

在结构地震损伤识别与破坏评估方面，工程结构在遭受强烈地震作用后，可能从外表看并没有产生明显的损伤破坏，但实际结构构件内部会产生一些细微损伤（比如细微裂缝），有些微小损伤是很难观察和判断的，或者裂缝等形式的破坏被装饰材料覆盖，很难观察到，或者被监测结构的地震反应超出设计值（如设防烈度、输入地震动、结构变形能力等）。此时可以利用结构地震反应观测台阵获得的结构地震反应记录，快速识别与分析结构物理及动力特性参数及其变化情况，并对结构地震损伤水平和损伤发生位置做出快速识别与评估，由此来判定结构是否发了地震损伤及损伤水平以及结构是否仍然可以安全使用，同时为结构震后安全鉴定人员提供可靠依据和参考。这项工作对结构参数识别方法，尤其是结构非线性参数识别，提出了更高的要求，必须发展结构非线性-时变参数识别方法或损伤评估方法，开发数据快速处理分析与结构损伤评估系统，以满足结构地震损伤评估时效性需求。

在地震灾害与烈度快速评估方面，随着低成本廉价传感器的研发和出现，使得对一个城市或区域的地面运动和工程结构进行大规模观测和监测成为可能。一旦这些城市或区域发生地震，这些地面运动和工程结构地震反应的观测数据可以用来快速评估该城市或区域的地震灾害损失情况，从而发现地震受灾严重的区域，便于分配地震应急和救援力量，最大限度减轻地震人员伤亡和经济损失。另外，近几年随着地震预警和烈度自动评估系统的发展和建设，结构地震反应观测数据便可纳入系统，可以在震后很短时间内实现地震烈度分布快速绘制，或根据结构地震损伤识别情况检验烈度评定结果，大大提高地震烈度评估结果的准确性和可靠性。此种情况下，如何将结构地震反应观测数据、结构地震损伤识别结果以及结构地震破坏判别结果与地震烈度速报及预警系统的数据实现融合，是要重点考虑的研究和工作内容。

随着工程结构性态及韧性抗震设计理论的发展，人们对结构抗震性能目标要求越来越高，在地震高危险区建立地面强震动观测台阵与工程结构地震反应观测台阵一体的综合地震监测系统，也逐渐成为一种发展趋势。这种综合强震观测台阵获得的结构地震反应记录、自由场地地震动记录以及地下（井下）观测地震动记录，既可以应用于研究震源机制、地震波传播效应、局部场地效应，又可以应用于研究工程结构动力反应特征及抗震性能，还可以综合分析土-结构相互作用以及结构健康监测等内容，真正能够做到集多种观测功能于一体，使地震监测布设台阵及反应记录数据应用效益发挥最大化。这种多功能、复合观测目标的结构强震观测台阵，也是未来工程结构强震观测发展的主要方向之一。

6.4　结构观测数据处理智能化

随着结构地震反应观测技术的发展，特别是随着结构观测精细化和大规模观测的发展以及观测数据快速处理等多方面应用需求，对结构地震反应数据传输技术、数据处理方法以及硬件系统提出了更高的要求。不但要求在短时间快速处理与分析海量的结构地震反应记录数据，而且还要快速分析与观测目标相关的内容，如识别结构参数、分析结构损伤、评估结构破坏等级等等信息。这就要求对获得的结构地震反应记录采取智能化分析与处理，同时要求数据处理系统能够自动分析得到所需要的各种结果和各类信息。

在结构参数识别与损伤评估应用方面，除了常规的结构地震反应记录数据处理、存储、发布外，还要求观测系统能够自动处理、分析结构地震反应记录，实时或近实时地快速识别与确定结构参数，包括模态参数和物理参数等信息。然后自动判别地震后结构参数的变化情况，快速识别结构损伤位置与损伤状态，评估结构破坏水平与等级。或者根据事先预设好的结构数值模型，对结构进行快速地震反应模拟与分析，进一步对结构地震破坏做出更为科学的评判。地震后结构安全鉴定人员可以根据观测系统提供的识别与评估结果，对结构安全状态、结构是否具有使用功能等做出科学合理评判。该项工作对于重要工程结构，尤其是破坏后带来严重后果及次生灾害的工程结构，显得更为重要和有意义。

在地震烈度速报和震害评估方面，结构地震反应观测台阵获得的反应记录以及由记录快速识别与评估的结构损伤水平及破坏等级，可以纳入烈度速报和震害评估系统及其数据库中，直接作为烈度评定和震害损失评估的科学依据。目前世界地震多发国家，如日本、美国等，已经建立了利用结构地震反应记录及地面运动强震观测记录评估震害损失的实用系统及平台，并在实际地震中起到了很好的防震减灾效果。这项工作更需要考虑多种监测数据、结构反应数据以及计算分析数据的智能融合，使得各种数据分析结果能够协调与统一。

无论是结构地震损伤识别与安全鉴定，还是地震烈度速报与震害损失评估，都要求地震反应观测系统具备快速、自动分析处理数据的能力以及对工程结构开展地震反应分析的能力，以便系统可以融合多种观测反应数据和分析数据，实现综合分析与评判，并实时将处理结果纳入烈度速报和震害评估系统。对于结构地震损伤识别与评估而言，目前关键技术问题在于如何利用结构地震反应记录，识别结构损伤位置、评估结构地震损伤水平，并将技术方法嵌入结构地震反应观测系统中实现远程或实时分析。该方面仍有许多研究需要开展，特别是结构地震反应记录数据自动分析与处理技术，以及结构损伤位置识别与判别技术，这是目前地震工程领域首要考虑解决的问题。

6.5　小结

本章主要对工程结构地震反应观测未来发展趋势进行了展望，阐述了工程结构地震反应观测台阵可以拓展的功能，结构地震反应观测记录未来潜在用途，以及工程结构地震反应记录数据处理技术与方法发展趋势和需求。